快速開飯的
5分鐘預漬備料魔法

市瀨悦子 著　邱婉婷 譯

早　預先醃漬

前置備料完成，出門囉！

「回家後，必須馬上做飯！」

這本《快速開飯的5分鐘預漬備料魔法》，就是專為這些「每天都很忙碌的人」而誕生的食譜書。

作法流程只有一個：

早上，將主菜的肉類或魚類用醬料預先醃漬，到了晚上，只需加熱煮熟立即可上桌。

無論是切菜或調味料的秤量等，前置備料全部都在「早上」完成，累了一天的夜晚就什麼都不用煩惱，只要將備料烹煮完成就好。

即使同時製作配菜，早上幾乎也只要5分鐘，晚上烹調只需10分鐘。

食材也因為一段時間的醃漬而更加入味，無須費工就能完成絕品美味的飯菜！

從今以後，晚上不用再匆匆忙忙了，超棒的不是嗎？

現在就開始進行「預先醃漬」吧！

晚 烹調完成即可

快速上菜美味開動！

《預漬備料魔法》的優點

① 早上的前置備料5分鐘一個流程。

主菜只要「預先醃漬」簡單的手續，不必傷腦筋

② 晚上幾乎10分鐘就能烹煮完成！

切菜、秤量早上搞定，晚上輕輕鬆鬆！

③ 只需「預先醃漬」就是道絕品美食。

入味好吃，不需要什麼困難的技巧就能讓食材變得更美味

④ 套餐菜單為主菜＋配菜的兩道菜色。

製作簡單輕鬆，卻能吃得超滿足

⑤ 回到家馬上就能開飯！

與家人聊天的時間、私人的時間變多了

《預漬備料魔法》的使用方法

在本書的 PART 1～4 中一共集結了 37 套的菜單。
為了能快速上手，請先詳閱基本說明與使用方法吧！

晚
NIGHT

煎熟即可

❶ 水煮蛋剝到外殼，放入裝有美乃滋的調理盆中。用叉子大略壓碎，製成塔塔醬。將雞肉的汁液瀝掉，均勻沾裹上麵粉。

❷ 在平底鍋中倒入 1 大匙沙拉油，以中火加熱。將雞肉排放平底鍋中，煎至兩面上色各 2 分鐘。將鍋中擠出的多餘油脂擦掉，加入糖醋醬後轉大火，拌炒至濃稠。將喜好的生菜鋪放盤中，放上雞肉，淋上醬料。搭配塔塔醬。
（1 人份 408kcal，鹽分 2.4g）

g
當日未使用	直接裝袋 冷藏保存 2～3 天

h 配菜　滑嫩豆腐豌豆苗清湯

倒入碗中即可

將豆腐的水分瀝乾，用湯匙壓成一口大小。平均分裝入兩個碗中，加入豌豆苗。接著將湯汁的材料混合，倒入碗裡稍微攪拌即可。
（1 人份 66kcal，鹽分 2.2g）

27

早
MORNING

e 雞肉預先醃漬

雞胸肉去皮，斜刀片切成 6 等分的肉片。將醃醬的材料放入塑膠袋，隔著筷子以手抓揉混合。再加入雞胸肉充分抓揉。壓除袋內空氣後綁好袋口，放入冷藏醃漬約半天（至少 30 分鐘以上）。

f 糖醋醬汁也預先調合備料

將糖醋醬汁的材料放入小容器中混合。將 3 大匙的美乃滋放入調理盆中備用，將所有材料分別置入保鮮層，放入冷藏。

預切

豌豆苗切除根部，再將長度切成一半。放入塑膠袋，壓除空氣綁好袋口，放入冷藏。

免炸南蠻雞套餐

濃郁甘醋味的南蠻雞搭配豆腐清湯，醬滷感十足的日式定食。用加了少許砂糖的醬料醃漬雞胸肉，肉質吃起來鮮嫩又多汁。

c 配菜　滑嫩豆腐豌豆苗清湯

材料	2 人份
豆腐（嫩豆腐或木綿豆腐皆可）	⅓ 塊（約 150g）
豌豆苗（淨重約 50g）	⅓ 包
〈醬油湯汁〉	
麵味露（3 倍濃縮）	2～3 大匙
鹽	1 小撮
熱水	2 杯

只要使用麵味露，調味就很輕鬆。豆腐和豌豆苗的清湯也會很對味。

b 主菜　免炸南蠻雞

材料	2 人份
雞胸肉（大）	1 片（約 300g）
水煮蛋	1 顆
〈醃醬〉	
鹽	¼ 小匙
砂糖	½ 小匙
酒	1 大匙
〈糖醋醬汁〉	
砂糖	1 大匙
醬油、醋	各 1 又 ½ 大匙
喜好的生菜（撕碎的萵苣等）	適量
美乃滋、麵粉、沙拉油	

僅需用煎燒就可完成的雞肉熱門料理的簡單版。淋上醬汁與塔塔醬後，非常搭配。

26

食譜頁面導讀

d 保存期限參考

標示冷藏保存的參考期限。有 ❄ 記號，表示醃漬的肉、魚類可冷凍保存。請將材料放入冷凍專用保鮮袋，可保存 3 週左右。待下次欲使用的前一晚先放冷藏室解凍。

配菜的作法

為了更有效率地完成兩道菜，配菜的烹調方式盡可能與主菜不同。也可以隨心情需求變換套餐中的配菜。

e 預估醃漬時間（最短～半天）

所有的肉類或魚類，基本醃漬時間皆為半天左右（8～12 小時）。如果想盡快享用，也有標註最短醃漬時間，請務必參考應用。

f〈預先醃漬〉以外的前置備料

若有混合醬料、切菜等「預先醃漬」以外的前置備料，都在此完整的說明。此處的備料也在早上同時處理完成，晚上就只需加熱即可！

a 套餐介紹

每種套餐的搭配重點說明。井然有序的介紹兩道菜製作技巧與烹調要領，絕對不能錯過。

b 主菜、主食的材料

c 配菜的材料

d 主菜、主食的作法

右欄的（早）為前置備料的流程說明，左欄的（晚）為烹調製作的流程。

吃飽後做起來也更有幹勁

**早上太忙，可在
晚餐後進行預先醃漬。**

早上沒有時間的人，也可以趁晚上預先醃漬隔天的菜色備料。例如在晚餐後定出「前置備料時間」，處理完成後還可將備料使用的器皿，與晚餐的餐具一起清理收拾，無須反覆清洗。而由於是在餐後進行備料，處理起來也更游刃有餘。

使用的方法超多元，
這種時候就靠
「預先醃漬」！

「預漬備料魔法」的烹調流程，
原則上是早上備料晚上烹煮。
但是，使用方法不僅於此！
可參考本頁提出的點子，
配合生活作息善加活用。

只需微波加熱
讓小孩操作也安心！

**用預先醃漬當作
「備用餐」。**

早上準備好前置備料，晚上再交給家人烹煮完成。像這樣可以為家人事先做好「備用餐」，也是「預漬備料魔法」的優點。也可以配合生活型態或當日情況作調整，改由家人前置備料，再由自己烹煮完成，隨機應變靈活運用。

無法完整地持續下去（淚）

**代替常備菜
在週末進行預醃漬。**

由於常備菜是已烹調完成的狀態，有些人覺得做起來很花時間，或是做太多吃不完，因而難以持續下去。「預漬備料魔法」是只需預先備料的「半成品常備菜」，前置處理超輕鬆！週末一次處理好數天的醃漬備料也無負擔，隨時都可以享受到現做的味道也很棒。

一次做好預先醃漬！

**採買日時
一口氣進行預先醃漬。**

趁超市賣場的特價期間一次採買食材後，就是「預漬備料魔法」上場的時候了。放冷藏保存外，醃漬好的肉類或魚類也能冷凍保存（放入冷凍專用保鮮袋），或買多少分量就處理多少。非常推薦給固定週末採買的人。

放著就能充分入味變得美味

**不擅長料理的人
最適合預先醃漬。**

讓食材在預先醃漬期間入味，只靠時間即可變出美味，就是「預漬備料魔法」烹調法的一大優勢！沒什麼特別的訣竅也能確調味，對於不擅長料理的人或料理新手，是再適合不過的烹調法。

預先醃漬的事前須知
― 關於本書中的器材用具及標示 ―

【關於塑膠袋】

醃漬用的塑膠袋請使用約 30×25 cm 的厚袋。放入冰箱冷藏時，可在下方墊上調理盤等器皿，就不用擔心會滲透外溢。

【關於平底鍋和耐熱容器的大小】

本書中使用的平底鍋直徑 26 cm。耐熱盤直徑約為 17、20、23 cm。耐熱調理盆直徑約為 15、20 cm，依照不同菜單區別使用。

【關於其他調理器具】

有些配菜不使用菜刀，而是以廚房剪刀、削皮刀或刨刀進行調理。廚房剪刀可用來剪肉類或蔬菜，準備一把會很方便。

- 1 大匙為 15㎖、1 小匙為 5㎖、1 杯為 200㎖。

- 「少許」是指用拇指、食指 2 根指頭抓起的分量，約 0.5g 左右。「1 小撮」是指用拇指、食指、中指 3 根指頭抓起的分量，標準約為 1.0g 左右。

- 醃漬時間的「半天」以 8 ～ 12 小時為準。前置備料的時間，是依據材料表準備好材料後的估計。

- 微波爐的加熱時間以 600W 為基準。500W 的時間調整為 1.2 倍，700W 的時間調整為 0.8 倍。

- 烤箱的加熱時間以 1000W 的烤箱為基準。加熱時間因機種而不同，加熱時請視實際情況做適當調整，過程中表面快燒焦的話，請蓋上鋁箔紙。

PART 1　6 組套餐

經典料理的
預漬快手套餐

照燒、薑汁燒、唐揚雞。
首先從最受大眾喜愛的經典菜色開始，藉此體驗「預先醃漬」厲害之處。
即使是常見的料理，也會因食材更入味而加倍美味。
絕對會成為自家餐桌上固定的新菜色！

照燒嫩雞套餐

首先登場的是最經典的甜鹹照燒，與清爽香甜的白蘿蔔沙拉組合。

趁蒸煮雞肉的期間完成沙拉配菜，操作起來更流暢。

從醃漬開始製作的照燒料理，鮮嫩入味的程度，與一般作法的口感截然不同！用大火濃縮醬料收汁時容易燒焦，需要特別注意。

配菜
清脆
白蘿蔔沙拉

同時淋上柑橘醋和橄欖油，讓風味大幅提升，滋味清爽酸甜的新鮮沙拉！

材料 2人份

白蘿蔔 ⋯ ¼ 根（約 250g）

蘿蔔嬰 ⋯ 適量

柑橘醋醬油 ⋯ 適量

熟白芝麻 ⋯ 適量

橄欖油

主菜
照燒嫩雞

材料 2人份

雞腿肉（小）⋯ 2 片（約 400g）

獅子椒（類似糯米椒）⋯ 6 根

〈照燒醃醬〉

　醬油、味醂 ⋯ 各 2 大匙

　砂糖 ⋯ 2 小匙

沙拉油

照燒嫩雞

晚
🌙 NIGHT

旱
☀ MORNING

煎熟即可

❶ 在平底鍋中倒入 ½ 大匙沙拉油，以中火加熱，放入獅子椒兩面快速煎一下取出。轉中小火，將雞肉的汁液確實瀝乾，帶雞皮的那面朝下排放鍋中（醃醬預留備用），煎 2～3 分鐘。

❷ 煎至焦黃後翻面，蓋上鍋蓋小火燜煎 6～7 分鐘。接著擦去鍋中釋出的多餘油脂，倒入醃醬轉大火收汁，讓雞肉沾裹上帶光澤的醬料。把雞肉切成容易入口的大小，盛盤，淋上剩下的醬料，搭配獅子椒。

（1 人份 464kcal，鹽分 2.5g）

當日未使用	直接裝袋 冷藏保存 **2～3** 天 ❄

 ### 雞肉預先醃漬

雞腿肉剔除多餘的脂肪並切斷筋膜，肉較厚的地方稍微切開。將醃醬的材料放入塑膠袋，隔著袋子以手抓揉混合，再加入雞肉充分抓揉。壓除袋內空氣，綁好袋口，放入冷藏醃漬約半天（至少 20 分鐘以上）。

 ### 獅子椒也預切

獅子椒用刀尖縱向切出一道開口。放入塑膠袋，壓除空氣後綁好袋口，放入冷藏。

清脆白蘿蔔沙拉

盛盤即可

將白蘿蔔和蘿蔔嬰大略拌合後裝盤，依喜好繞圈淋上適量的柑橘醋醬油、橄欖油，撒上熟白芝麻。 （1 人份 30kcal，鹽分 0.7g）

預切

白蘿蔔削皮後，切成 5～6 ㎝ 長絲。蘿蔔嬰切除根部。將所有材料放入塑膠袋，壓除空氣後綁好袋口，放入冷藏。

薑汁燒肉套餐

日本家常的國民料理薑汁燒肉，搭配熱呼呼的味噌湯，滿足口慾的經典組合。

開火煮味噌湯後，再開始燒肉的烹調，是聰明省時的訣竅。

增加口感的京水菜，也讓人一口接一口。

煎得恰到好處的燒肉，香氣四溢，

滑嫩的口感，再也回不去吃普通的薑汁燒肉了！

配菜

青蔥
豆腐味噌湯

材料 2人份

板豆腐（小）… 1 塊（約 200g）

青蔥 … ½ 根（約 40g）

日式柴魚昆布高湯 … 2 杯

味噌

用經典不敗的食材「豆腐和蔥」煮出的味噌湯，

讓人喝了不禁直嘆：「果然就是這個才對味」的安定滿足感。

簡單快速，只需煮一下讓豆腐溫熱即可。

主菜

薑汁燒肉

材料 2人份

豬里肌薄片 … 8 片（約 250g）

〈薑汁燒肉醃醬〉

　生薑泥 … 1 段份

　醬油、味醂 … 各 1 又 ½ 大匙

　砂糖 … 1 小匙

京水菜 … ⅓ 把（約 70g）

沙拉油

晚 🌙 NIGHT

早 ☀ MORNING

煎熟即可

在平底鍋中倒入 ½ 大匙沙拉油，以中火加熱。將豬肉片攤平放入鍋中，一邊將肉片撥散開一邊煎 2～3 分鐘，至肉片變色且上焦痕後翻面，稍微再煎一下。盛盤，搭配京水菜。　（1 人份 394kcal，鹽分 2.1g）

當日未使用	直接裝袋 冷藏保存 **2～3** 天 ❄

 ### 豬肉預先醃漬

將醃醬的材料先放入塑膠袋，隔著袋子以手抓揉混合，再加入豬肉片充分抓揉。壓除袋內空氣，綁好袋口，放入冷藏醃漬約半天（至少 20 分鐘以上）。

 ### 京水菜也預切

京水菜切除根部，切成 5 ㎝長段。放入塑膠袋，壓除空氣後綁好袋口，放入冷藏。

煮熟即可

將小鍋以中火加熱煮沸，放入豆腐、蔥花再稍微煮一下。加入 1 又 ½～2 大匙的味噌拌煮到溶解。　（1 人份 109kcal，鹽分 1.9g）

預切

豆腐切成 2 ㎝四方丁，放在鋪有紙巾的調理盤上，蓋上保鮮膜。將青蔥切成 5 ㎜寬的蔥花，放入塑膠袋，壓除空氣後綁好袋口。將柴魚昆布高湯倒入小鍋中，蓋上鍋蓋。將所有材料全部放入冷藏。

唐揚雞套餐

正是在家才吃得到的「現炸」唐揚雞，是最棒的佳餚！

趁熱油鍋的空檔將沙拉準備完成，做起來更流暢。

配菜

中華豆腐沙拉

炸物搭配豆腐和葉菜做出的清爽沙拉，沙拉醬汁充滿芝麻油的風味。

材料 2 人份

嫩豆腐（小）… 1 塊（約 200g）

葉萵苣的葉片 … 60g

〈中華沙拉醬汁〉

　醬油、芝麻油 … 各 1 大匙

　砂糖、醋 … 各 1 小匙

（依喜好搭配）乾辣椒絲 … 適量

主菜

唐揚雞

發揮蒜香的迷人風味，既下飯又下酒！

在最後提高油溫，是炸出金黃酥脆的祕訣。

材料 2 人份

無骨雞腿肉塊 … 300g

〈蒜泥醬油醃醬〉

　蒜泥 … ½ 瓣份

　醬油 … 1 大匙

　酒 … 2 大匙

　鹽 … 1 小撮

（依喜好搭配）檸檬切瓣 … 適量

太白粉、麵粉、沙拉油

晚
☾ NIGHT

旱
☀ MORNING

炸熟即可

❶將各 3～4 大匙的太白粉、麵粉放入調理盤中混合。將雞肉的汁液瀝乾,一塊一塊分次放入盤中均勻裹粉。

❷在平底鍋中倒入沙拉油,約 1 cm 的高度,加熱至偏低的中溫(170℃)。放入雞肉,油炸 4 分鐘,期間不時翻面。最後轉大火再炸 1 分鐘至金黃香酥,瀝乾油分盛盤,依喜好搭配檸檬。（1 人份 381kcal,鹽分 1.7g）

※ 油溫 170℃。用乾燥的長筷前端觸及鍋底時,馬上冒出細泡的程度。

| 當日未使用 | 直接裝袋 冷藏保存 2 ～ 3 天 ❄ |

雞肉預先醃漬

將醃醬的材料先放入塑膠袋,隔著袋子以手抓揉混合,再加入雞肉充分抓揉。壓除袋內空氣,綁好袋口,放入冷藏醃漬約半天（至少 20 分鐘以上）。

盛盤即可

葉萵苣泡水增加清脆口感,確實瀝乾水分後盛盤。豆腐用手剝成容易入口的大小後放葉萵苣上,淋上沙拉醬汁。依喜好放上乾辣椒絲。
（1 人份 145kcal,鹽分 1.3g）

豆腐先瀝水

豆腐放在鋪有紙巾的調理盤上,蓋上保鮮膜。葉萵苣撕成適當的大小,放入塑膠袋,壓除袋內空氣後綁好袋口。將沙拉醬汁的材料放入小容器內混合,蓋上保鮮膜。將所有材料全部放入冷藏。

青椒炒牛肉套餐

因為是在早上備料，為了節省時間不須將牛肉和竹筍切絲。搭配連同容器一起冰鎮過的番茄，好好享受「自家的中華料理」吧！

配菜

在簡單的涼拌番茄上，搭配有料的沙拉醬汁，給人豐盛的滿足感。用芝麻油代替橄欖油也很美味。

洋蔥番茄沙拉

材料 2人份

番茄（小）… 2 個（約200g）

〈洋蔥沙拉醬汁〉
- 洋蔥末 … ¼ 個份（約50g）
- 橄欖油 … 2 大匙
- 醋 … ½ 大匙
- 鹽 … ¼ 小匙
- 胡椒粉 … 少許

主菜

重口味的牛肉料理，是白飯絕配好夥伴！拌炒時稍微保留青椒的清脆感更好吃。

青椒炒牛肉

材料 2人份

牛肉薄片 … 150g

青椒 … 5 個（約130g）

水煮竹筍 … 100g

〈蠔油醃醬〉
- 酒、蠔油 … 各 1 大匙
- 太白粉 … ½ 小匙
- 醬油 … 2 小匙

沙拉油、芝麻油

16

晚
☾ NIGHT

早
☀ MORNING

牛肉預先醃漬

將醃醬的材料先放入塑膠袋，隔著袋子以手抓揉混合，再加入牛肉片充分抓揉。壓除袋內空氣，綁好袋口，放入冷藏醃漬約半天（至少 20 分鐘以上）。

蔬菜也預切

青椒縱切對剖後去除蒂頭和內膜與籽，切成 5 mm 寬的細絲。將竹筍的水分瀝乾，尖端縱向切成 1 cm 厚片，根部切成 1 cm 厚的扇形片。將所有材料放入塑膠袋，壓除空氣後綁好袋口，放入冷藏。

炒熟即可

在平底鍋中倒入 1 大匙沙拉油，以中火加熱，放入牛肉片拌炒 2 分鐘。待肉變色後加入青椒、竹筍，拌炒至蔬菜熟軟。接著繞圈淋上少許芝麻油，大略拌炒即可。

（1 人份 306kcal，鹽分 2.0g）

當日未使用	直接裝袋 ❄ 冷藏保存 2～3 天

淋上醬汁即可

將番茄淋上沙拉醬汁。

（1 人份 136kcal，鹽分 0.7g）

冷藏備用

番茄去除蒂頭後縱向切成 1 cm 厚的圓片，盛盤。將沙拉醬汁的材料放入小容器中混合。將所有材料分別蓋上保鮮膜，放入冷藏。

味噌燒鮭魚套餐

鮭魚烤的鮮美軟嫩又多汁，簡直就像日本料理亭中的一道菜！

僅需平底鍋煎熟即可，對於覺得煎烤魚類很麻煩的人來說也能輕鬆駕馭。

加入味酥帶甜味的味噌醃醬，材料少配方好記，這點也很棒。

煎魚前把醃醬確實刮除，以防表面燒焦。

主菜

味噌燒鮭魚

材料 2人份

鮭魚切片 … 2 半切片 * （約200g）

青蔥 … 1 根（約100g）

〈味噌醃醬〉

| 味噌 … 3 大匙

| 味酥 … 1 大匙

沙拉油、鹽

＊譯註：2 半切片（切り身），是指整片（輪切）的再對半切。

甘脆鮮甜，清脆爽口。

蔬菜爽脆的口感讓人愛不釋口。

擠乾蔬菜的水分，調味就不會因被稀釋而變淡。

配菜

鹽味高麗菜
小黃瓜沙拉

材料 2人份

高麗菜 … 1/5 個（約200g）

小黃瓜 … 1 條（約100g）

鹽、芝麻油

晚
🌙 NIGHT

旱
☀ MORNING

煎熟即可

在平底鍋中倒入 ½ 大匙沙拉油，以中小火加熱。將鮭魚表面的醃醬刮除後排放平底鍋中，青蔥也放入鍋中煎2分鐘。煎至焦黃後翻面，轉最小火煎 4～5 分鐘。盛盤，在青蔥上撒少許鹽。

（1 人份 196kcal，鹽分 1.6g）

| 當日未使用 | 直接裝袋
冷藏保存 2 天 |

鮭魚預先醃漬

將醃醬的材料先放入塑膠袋，隔著袋子以手抓揉混合，再加入鮭魚輕輕抓勻。壓除袋內空氣，綁好袋口，放入冷藏醃漬約半天（至少 2 小時以上）。

青蔥也預切

青蔥切成 5 ㎝長段。放入塑膠袋，壓除空氣後綁好袋口，放入冷藏。

盛盤即可

將蔬菜的水分擠掉，打散後盛盤。依個人口味繞圈淋上適量的芝麻油。

（1 人份 35kcal，鹽分 0.7g）

預先醃漬

高麗菜較粗的硬梗去除，切成一口大的小片。小黃瓜切除兩端，先縱切對剖後再斜切片。將所有材料放入塑膠袋，撒上 ⅓ 小匙鹽，隔著袋子以手充分抓揉均勻。壓除袋內空氣，綁好袋口，放入冷藏。

日式雞肉燥丼套餐

用醬料醃過的雞絞肉非常入味，而且容易散開，料理起來輕輕鬆鬆！

煮清湯需要一點時間，流程就從開火煮湯開始進行。

配菜

小松菜香菇清湯

滿滿的小松菜和香菇鮮味融入湯汁中，調味簡單卻很夠味。

材料 2 人份

小松菜 … ⅓ 把（約 70g）

新鮮香菇 … 3 朵

〈醬油湯汁〉

  日式柴魚昆布高湯 … 2 杯

  鹽、醬油 … 各 ½ 小匙

主菜

日式雞肉燥丼

略帶甜味的雞肉燥加上雞蛋溫和的風味，吃上一口暖心暖胃。

材料 2 人份

雞絞肉 … 150g

〈甜鹹醃醬〉

  醬油、酒、味醂 … 各 1 又 ½ 大匙

  砂糖 … 2 小匙

蛋 … 3 顆

〈薄鹽炒蛋醬汁〉

  砂糖、味醂 … 各 1 大匙

  鹽 … ⅕ 小匙

熱白飯 … 適量

（若有的話）青蔥花 … 適量

晚

NIGHT

早

MORNING

炒熟即可

❶蛋打入調理盆中攪散,將炒蛋醬汁再次拌勻後加入蛋液中混合拌勻。倒入平底鍋中開中火,用3～4根長筷不斷攪動,把蛋炒碎後盛起。

❷將平底鍋快速洗淨後拭乾水分,放入雞絞肉以中火加熱。用3～4根長筷不斷攪動,拌炒3分鐘,至絞肉炒熟且散開。白飯裝碗,平均放上雞肉燥和蛋鬆,撒上蔥花。

（1人份 653kcal,鹽分 2.9g）

當日未使用	直接裝袋 冷藏保存 **2** 天 ❄

絞肉預先醃漬

將醃醬的材料先放入塑膠袋,隔著袋子以手抓揉混合,再加入雞絞肉充分抓揉。壓除袋內空氣,綁好袋口,放入冷藏醃漬約半天（至少 15 分鐘以上）。

炒蛋醬汁也預調合備用

將炒蛋醬汁的材料放入小容器中混合,蓋上保鮮膜,放入冷藏。

煮熟即可

將小鍋以中火加熱煮沸後,加入小松菜、香菇,煮 2～3 分鐘,至小松菜變軟。

（1人份 13kcal,鹽分 1.9g）

蔬菜預切

小松菜切除根部,再切成 4 cm長段。香菇切除菇柄後切片。將所有材料放入塑膠袋,壓除袋內空氣後綁好袋口。將湯汁的材料倒入小鍋中混合,蓋上鍋蓋。將所有材料放入冷藏。

早
前置備料

回到家煎熟即可！
日式漢堡排

早上做好漢堡肉的備料，晚上煎一下馬上就完成漢堡排了！

洋蔥不用先炒過，直接以生磨成泥來取代，

不僅早上備料快速，還能做出鬆軟多汁的口感。

材料 2 人份

〈漢堡肉備料〉
- 牛豬混合絞肉 … 250g
- 洋蔥 … ¼ 個（約 50g）
- 麵包粉 … ¾ 杯
- 蛋液 … 1 顆份（約 50g）
- 牛奶 … 2 大匙
- 美乃滋 … 1 大匙
- 鹽 … ¼ 小匙
- 胡椒粉 … 少許

〈紅酒醬汁〉
- 紅酒、番茄醬 …
  各 3 大匙
- 中濃醬 … 1 大匙

沙拉油、奶油

☀ MORNING

混合備用

將所有材料抓揉均勻至帶黏性，壓除袋內空氣後綁好袋口。將紅酒醬汁的材料放入小容器中混合，蓋上保鮮膜。將所有材料放入冷藏，靜置半天（馬上煎也 OK，當日烹煮不宜保存）。

☀ MORNING

材料放入袋內

將洋蔥磨成泥，連同其他漢堡肉的材料一起放入塑膠袋。

🌙 NIGHT

煎熟即可

❶ 將漢堡肉分成 2 等份，輕輕整合成團。用手掌來回拍打將裡面的空氣拍出，拍扁整成 2cm 厚的橢圓狀。

❷ 在平底鍋中倒入 ½ 大匙沙拉油，以中火加熱。將漢堡肉排放平底鍋中，煎 1 分 30 秒～2 分鐘至焦黃色。翻面後蓋上鍋蓋，以小火燜煎 8 分鐘盛盤。擦去平底鍋中的多餘油脂，加入紅酒醬汁和 10g 奶油，以中火一邊攪拌一邊煮沸 1 分鐘，淋在漢堡排上。 （1 人份 552kcal，鹽分 2.8g）

肉類主菜的
預漬快手套餐

說到肚子餓時的能量來源，非「肉」莫屬了！
從超下飯的醬色配菜，到豐盛豪華的料理，
本單元裡大量匯集了能滿足口腹和心靈的肉類配菜。
無論是味道還是烹調種類都很豐富，盡情挑選享用吧！

辣味噌燒雞套餐

充分入味至雞肉裡的味噌漬燒烤，是最能實際感受到「預先醃漬」優點的一道料理。

滋味清爽的高麗菜絲沙拉，更是清爽解膩的開胃小菜。

帶點微辣的味噌風味，醬汁滲透入味雞腿肉內部！請搭配煎出焦香的竹筍一起享用。

配菜

高麗菜絲沙拉

材料　2 人份

高麗菜 … ¼ 個（約 250g）
玉米粒罐頭（容量 120g）… ½ 罐
〈美乃滋沙拉醬〉
　美乃滋 … 3 大匙
　鹽 … ⅓ 小匙
　醋 … 1 小匙
└ 胡椒粉 … 少許

把帶著清爽醋味的美乃滋醬，和甘甜的高麗菜及玉米粒均勻地攪和在一起。保有食材鮮甜，口感柔嫩的沙拉！

主菜

辣味噌燒雞

材料　2 人份

雞腿肉（大）… 1 片（約 350g）
水煮竹筍 … 150g
〈辣味噌醃醬〉
　味噌 … 2 ～ 2 又 ½ 大匙
　味醂 … 1 大匙
└ 豆瓣醬 … 1 小匙
沙拉油

晚
🌙 NIGHT

早
☀ MORNING

 雞肉預先醃漬

雞腿肉剔除多餘的脂肪並切斷筋膜。肉較厚的地方稍微切開，再對切成半。將醃醬的材料放入塑膠袋，隔著袋子以手抓揉混合，再加入雞腿肉充分抓揉。接著將雞腿肉攤平，壓除袋內空氣後綁好袋口，放入冷藏醃漬約半天（至少醃漬 2 小時以上）。

 竹筍也預切

將竹筍的水分瀝乾，縱向切薄片。放入塑膠袋，壓除空氣後綁好袋口，放入冷藏。

煎熟即可

在平底鍋中倒入 ½ 大匙沙拉油，以中小火加熱。將雞肉表面的醃醬大致刮除。雞皮那面朝下排放平底鍋中，竹筍也放入鍋中，煎 3 分鐘。煎至金黃後翻面，加入 1 大匙的水，蓋上鍋蓋轉小火燜煎 6～7 分鐘。取出切成容易入口的大小，連同竹筍盛盤。

（1 人份 454kcal，鹽分 2.6g）

當日未使用	直接裝袋 ❄ 冷藏保存 **2～3** 天

盛盤即可

將高麗菜的汁液稍微瀝除，盛盤。
（1 人份 150kcal，鹽分 1.2g）

預先醃漬

高麗菜切成 6 cm 細長絲。玉米粒瀝除湯汁。沙拉醬的材料放入塑膠袋，隔著袋子以手抓揉混合，再加入高麗菜、玉米粒。接著讓袋內充滿空氣，先搖晃混合後均勻抓揉。壓除袋內空氣後綁好袋口，放入冷藏醃漬約半天（至少 20 分鐘以上）。

免炸南蠻雞套餐

濃郁甘醋味的南蠻雞搭配豆腐清湯，豐盛感十足的日式定食。
用加了少許砂糖的醬料醃漬雞胸肉，肉質吃起來鮮嫩又多汁。

配菜

滑嫩豆腐
豌豆苗清湯

材料 2 人份

豆腐（嫩豆腐或板豆腐皆可）…½ 塊（約150g）

豌豆苗 … ½ 包（淨重約 50g）

〈醬油湯汁〉

　麵味露（3 倍濃縮）… 2 ～ 3 大匙

　鹽 … 1 小撮

　熱水 … 2 杯

只要使用麵味露，調味超輕鬆！
豆腐和豌豆苗也免鍋煮。

主菜

免炸南蠻雞

材料 2 人份

雞胸肉（大）… 1 片（約300g）

水煮蛋 … 1 顆

〈醃醬〉

　鹽 … ¼ 小匙

　砂糖 … ½ 小匙

　酒 … 1 大匙

〈糖醋醬汁〉

　砂糖 … 1 大匙

　醬油、醋 … 各 1 又 ½ 大匙

喜好的生菜（撕碎的葉萵苣等）… 適量

美乃滋、麵粉、沙拉油

僅需將裹好粉的雞肉煎熟即可的簡易版！
清爽酸甜的糖醋醬油醬汁，
加上滋味濃郁的塔塔醬，非常搭配。

晚

🌙 NIGHT

煎熟即可

❶水煮蛋剝除外殼，放入裝有美乃滋的調理盆中。用叉子大略壓碎，製成塔塔醬。將雞肉的汁液瀝掉，均勻沾裹上麵粉。

❷在平底鍋中倒入1大匙沙拉油，以中火加熱。將雞肉排放平底鍋中，煎至兩面上色各2分鐘。將鍋中釋出的多餘油脂擦掉，加入糖醋醬汁後轉大火，收汁至濃稠。將喜好的生菜擺放餐盤，放上雞肉，淋上醬料。搭配塔塔醬。

（1人份 408kcal，鹽分 2.4g）

| 當日未使用 | 直接裝袋
冷藏保存 **2 ～ 3 天** ❄ |

旱

☀ MORNING

雞肉預先醃漬

雞胸肉去皮，斜刀片切成6等分的肉片。將醃醬的材料放入塑膠袋，隔著袋子以手抓揉混合，再加入雞胸肉充分抓揉。壓除袋內空氣後綁好袋口，放入冷藏醃漬約半天（至少30分鐘以上）。

 糖醋醬汁也預先調合備用

將糖醋醬汁的材料放入小容器中混合。將3大匙的美乃滋放入調理盆中備用。將所有材料分別蓋上保鮮膜，放入冷藏。

倒入碗中即可

將豆腐的水分瀝乾，用湯匙舀成一口大小，平均分裝入兩個碗中，加入豌豆苗。接著將湯汁的材料混合，倒入碗裡稍微攪拌即可。

（1人份 66kcal，鹽分 2.2g）

預切

豌豆苗切除根部，再將長度切成一半。放入塑膠袋，壓除空氣後綁好袋口，放入冷藏。

和風麻婆茄子肉燥套餐

重口味的麻婆料理要搭配解膩開胃的小菜的話，水潤多汁的韓式拌炒小黃瓜最適合！切好的茄子裹上油，不僅能防止變色，也比較快炒軟。

帶著濃郁味噌風味的絞肉是絕品美味！還可以沾滿水潤的茄子一起享用。

配菜

韓式豌豆苗小黃瓜拌菜

材料 2人份

豌豆苗 … 1 包（淨重約 100g）

小黃瓜 … 2 條

〈韓式拌菜醬〉

　熟白芝麻 … 1 大匙

　芝麻油 … 2 大匙

　鹽 … ⅔ 小匙

重點在小黃瓜拍成大碎塊！這樣即使經過醃漬，依然可保持爽脆的口感。

主菜

和風麻婆茄子肉燥

材料 2人份

圓茄 … 3 個（約 250g）

豬絞肉 … 120g

〈辣味噌醃醬〉

　砂糖、醬油 … 各 ½ 大匙

　酒 … 2 大匙

　赤味噌 ※ … 1 大匙

　太白粉 … 1 又 ½ 小匙

　豆瓣醬 … 1 小匙

沙拉油

※ 若沒有赤味噌可用米味噌（一般的黃味噌）代替，不過分量要調整，不然風味及濃稠度都會不足，可調整為米味噌 1 又 ½ ～ 2 大匙，醬油 1 小匙，太白粉 1 大匙。

晚
🌙 NIGHT

炒熟即可

❶ 在平底鍋中倒入 2 大匙沙拉油，放入茄子並攤平於鍋面，蓋上鍋蓋，以中小火加熱，燜燒 3 分鐘。打開鍋蓋，轉大火，炒軟後盛出。

❷ 將豬絞肉放入同一個平底鍋中，以中火拌炒。待絞肉炒散且肉變色後倒入 1 杯水，一邊攪拌一邊煮沸至濃稠。將茄子倒進鍋裡迅速拌炒混合。

（1 人份 311kcal，鹽分 2.4g）

| 當日未使用 | 直接裝袋 ❄
冷藏保存 **2 ~ 3** 天 |

早
☀ MORNING

🥩 絞肉預先醃漬

將醃醬的材料先放入塑膠袋，隔著袋子以手抓揉混合，再加入豬絞肉充分抓揉混合。壓除袋內空氣，綁好袋口，放入冷藏醃漬約半天（至少 15 分鐘以上）。

🍆 茄子也預切

茄子的蒂頭切除，切成 6 等分再斜切對半。放入塑膠袋，加入 1 大匙沙拉油沾裏均勻後，壓除袋內空氣後綁好袋口，放入冷藏。

盛盤即可

稍微瀝乾汁液後盛盤。

（1 人份 138kcal，鹽分 1.6g）

預先醃漬

豌豆苗切除根部，再將長度切成一半。小黃瓜切除兩端，用擀麵棍拍打至裂開，切成容易入口的碎塊。將韓式拌菜醬的材料放入塑膠袋，隔著袋子以手抓揉混合，再加入豌豆苗、小黃瓜均勻抓揉。待材料和醬料充分混合後，壓除袋內空氣，綁好袋口，放入冷藏醃漬約半天（至少 1 小時以上）。

香炒洋蔥豬肉套餐

甜甜鹹鹹的豬肉配上帶焦香的洋蔥，
這樣的組合雖然簡單，卻是讓人吃了不禁讚嘆的美味。
這兩道菜只用便宜的食材就可製作，也是一大優點！

將洋蔥煎到軟化焦黃，釋出焦香和甜味，
是讓風味提升一個檔次的訣竅。
大人要吃的話，請務必撒上大量的粗粒黑胡椒粉！

配菜

免鍋煮京水菜湯

材料 2 人份

京水菜 … ¼ 把（約 50g）

〈湯汁〉
　雞粉 … 1 大匙
　鹽 … 1 小撮～ 2 小撮
　胡椒粉 … 少許
　熱水 … 2 杯

熟白芝麻 … 適量

芝麻油

免鍋煮即可完成的速成湯品。
由於京水菜僅以熱水澆燙而非水煮，
可充分保留清脆的口感。

主菜

香炒洋蔥豬肉

材料 2 人份

豬肉薄片 … 150g

洋蔥 … ½ 個（約 100g）

綠豆芽菜 … 1 袋（約 200g）

〈甜鹹醃醬〉
　砂糖、酒、味醂 … 各 1 大匙
　醬油 … 1 又 ½ 大匙

沙拉油、鹽、粗粒黑胡椒粉

晚
☾ NIGHT

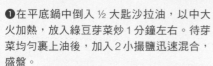

旱
☀ MORNING

炒熟即可

❶在平底鍋中倒入 ½ 大匙沙拉油,以中大火加熱,放入綠豆芽菜炒1分鐘左右。待芽菜均勻裹上油後,加入2小撮鹽迅速混合,盛盤。

❷平底鍋稍微擦拭乾淨,倒入 ½ 大匙沙拉油,以中火加熱。放入洋蔥煎1分鐘左右使其上色,待轉焦黃色後大致翻面,移至鍋子的邊緣。接著將豬肉片放在中間空出的鍋面拌炒至肉變色後,連同洋蔥一起翻炒。盛放在作法❶的綠豆芽菜上。依喜好撒上適量粗粒黑胡椒粉。

（1人份 320kcal,鹽分 2.8g）

當日未使用	直接裝袋 ❄ 冷藏保存 2 ～ 3 天

豬肉預先醃漬

將醃醬的材料先放入塑膠袋,隔著袋子以手抓揉混合,再加入豬肉片充分抓揉。壓除袋內空氣,綁好袋口,放入冷藏醃漬約半天(至少20分鐘以上)。

洋蔥也預切

洋蔥橫切成1cm寬的小條。放入塑膠袋,壓除空氣後綁好袋口,放入冷藏。

倒入碗中即可

將京水菜平均放入兩個碗裡,倒入熱水充分攪拌,使調味料溶解。接著淋上一圈芝麻油,依喜好撒上適量熟白芝麻。

（1人份 22kcal,鹽分 2.1g）

預切

將京水菜切除根部,再切成3cm長段。放入塑膠袋,壓除袋內空氣後綁好袋口,放入冷藏。將熱水以外的湯汁材料平均放入兩個碗裡,蓋上保鮮膜。

這道主菜不用開火，配菜就運用空出來的瓦斯爐快速完成。

番茄炒蛋很快就可以完成，因此可先著手微波加熱的主菜。

醃過的豬肉充分入味，用微波烹調也很夠味！

加熱後再放入青蔥，增添生菜的新鮮口感。

配菜

鬆軟番茄炒蛋

雞蛋鬆軟柔嫩的口感最讚。

運用蠔油獨特的風味，

讓這道配菜與主菜一樣超下飯！

材料 2人份

蛋 … 3 顆

番茄 … 1 個（約 150g）

〈蠔油炒醬〉

　酒、蠔油 … 各 1 小匙

　鹽、太白粉 … 各 1 小撮

└ 胡椒粉 … 少許

鹽、沙拉油

主菜

泡菜豬肉

材料 2人份

豬五花肉片 … 150g

韓式大白菜泡菜（切段型）… 150g

洋蔥 … 1 個（約 200g）

青蔥 … 5 根

〈醬油醃醬〉

　醬油 … ½ 大匙

└ 酒 … 2 大匙

芝麻油

晚
NIGHT

微波即可

依序將洋蔥、泡菜、豬肉片攤平疊放在直徑約 20 ㎝的耐熱調理盆中。鬆鬆的蓋上保鮮膜，微波加熱 7 分鐘。趁熱，淋一圈芝麻油，加入青蔥大略攪拌，稍微瀝乾汁液後盛盤。　（1 人份 357kcal，鹽分 2.9g）

當日未使用	直接裝袋 冷藏保存 **2 ～ 3** 天 ❄

早
☀ MORNING

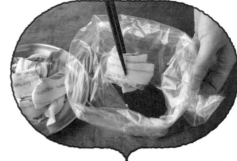

豬肉預先醃漬

豬肉切成 6 ～ 7 ㎝長片。將醃料的材料放入塑膠袋，隔著袋子以手抓揉混合，再加入豬肉片充分抓揉。壓除袋內空氣後綁好袋口，放入冷藏醃漬約半天（至少 15 分鐘以上）。

蔬菜也預切

洋蔥縱切對剖後橫切成 1 ㎝寬的小條。青蔥切成 5 ㎝長段。將所有材料分別放入塑膠袋，壓除袋內空氣後綁好袋口，放入冷藏。

炒熟即可

❶蛋打入調理盆中攪散，加入 1 小撮鹽混合。在平底鍋中倒入 2 大匙沙拉油，以大火加熱，然後倒入蛋液。用木鏟大幅攪拌使其均勻受熱，待炒至半熟狀，盛起至原本的調理盆中。
❷接著，在鍋中倒入 1 小匙沙拉油，以中火加熱，放入番茄拌炒至上焦痕。加入炒醬拌勻，再倒入剛盛出的炒蛋大略翻炒即可。

　（1 人份 234kcal，鹽分 1.4g）

預切

番茄去除蒂頭，對切成 8 等分的瓣狀。放入塑膠袋，壓除袋內空氣，綁好袋口。將炒醬的材料放入小容器中混合，蓋上保鮮膜。將所有材料放入冷藏。

簡易叉燒雞套餐

又甜又鹹味且帶光澤的叉燒肉非常下飯，是一道會讓人再添碗飯的菜色。

趁煎雞腿同時，將韓式拌菜微波加熱，能更有效率地完成兩道菜。

省去捲肉的工序，製作更輕鬆！
煎出燒烤香四溢的雞腿，
充滿蒜香的甜鹹風味。

配菜

韓式三色熱拌菜

只需將三種蔬菜疊放在調理盆中微波加熱即可！

趁熱將醬料和蔬菜拌在一起。

材料 2人份

綠豆芽菜 … 1 袋（約200g）

小松菜 … ½ 把（約100g）

胡蘿蔔 … ⅓ 根（約50g）

〈鹽薑拌醬〉

　生薑泥 … 少許

　芝麻油 … 1 又 ½ 大匙

　鹽 … ½ 小匙

　粗粒黑胡椒粉 … 少許

主菜

簡易叉燒雞

材料 2人份

雞腿肉（大） … 1 片（約300g）

〈蒜泥醬油醃醬〉

　蒜泥 … ⅙ 瓣份

　砂糖、醬油、酒 … 各 1 又 ½ 大匙

青蔥 … 10 ㎝

沙拉油

晚
☾ NIGHT

旱
☀ MORNING

煎熟即可

❶ 在平底鍋中倒入 1 小匙沙拉油，以中小火加熱。將雞肉的汁液確實瀝乾（醃醬預留備用），雞皮那面朝下放入鍋中，煎 4 分鐘至焦黃。翻面後灑上 1 大匙的水，蓋上鍋蓋，以小火燜煎 5 分鐘（注意此處容易燒焦）。將青蔥泡水，瀝除水分。

❷ 擦去鍋中釋出的多餘油脂，倒入醃醬轉大火，煮至收汁並讓雞肉均勻沾裹上醬料。取出切成適當地的大小，盛盤後淋入鍋裡的醬料，搭配青蔥。

（1 人份 345kcal，鹽分 1.7g）

當日未使用	直接裝袋 冷藏保存 **2 ～ 3** 天 ❄

 ## 雞肉預先醃漬

雞腿肉剔除多餘的脂肪並切斷筋膜。將醃醬的材料放入塑膠袋，隔著袋子以手抓揉混合，再加入雞腿肉充分抓揉。壓除袋內空氣，綁好袋口，放入冷藏醃漬約半天（至少 2 小時以上）。

 ### 青蔥也預切

青蔥長度切成一半，去芯後直切成細絲。用保鮮膜包好，放入冷藏。

微波即可

將胡蘿蔔、小松菜、綠豆芽菜，依序重疊放在直徑約 20 ㎝的耐熱調理盆中。鬆鬆的蓋上保鮮膜，微波加熱 4 分 30 秒左右，確實瀝乾水分。將瀝乾的材料放回調理盆中，加入拌醬混合拌勻。

（⅓ 量為 75kcal，鹽分 1.0g）

預切

小松菜切除根部後切成 5 ㎝長段。胡蘿蔔削皮後，直切成細絲。依序將小松菜、胡蘿蔔放入塑膠袋，壓除袋內空氣，綁好袋口。將拌醬的材料放入小容器中混合，蓋上保鮮膜。將所有材料放入冷藏。

韓式彩蔬烤肉套餐

運用色彩豐富的韓式烤肉和辛辣的泡菜湯，完成的韓風套餐。先將泡菜湯微波加熱，之後再炒主菜，即可快速完成！

使用洋蔥泥和韓式辣醬醃漬的牛肉片，吃起來軟嫩甜鹹，是小孩也能輕鬆品嘗的味道！請搭配大量的蔬菜享用。

早上將材料放入馬克杯中備用，晚上回到家只需微波加熱，一個步驟就完成！

配菜

豆腐泡菜湯

材料 2人份

嫩豆腐（小）… 1塊（約200g）

韓式大白菜泡菜（切段型）… 70g

〈湯汁〉

　　雞粉 … ½ 小匙

　　鹽 … 1 小撮

　　芝麻油 … 少許

　　水 … 1 杯

粗粒黑胡椒粉

主菜

韓式彩蔬烤肉

材料 2人份

牛肉薄片 … 200g

綠蘆筍 … 3根

洋蔥 … ½ 個（約100g）

紅甜椒（球型）… ½ 個（約75g）

〈韓式烤肉醃醬〉

　　洋蔥泥 … ⅛ 個份（約30g）

　　蒜泥 … ½ 瓣份

　　砂糖、醬油 … 各1又½ 大匙

　　芝麻油 … 1 大匙

　　韓式辣醬 … 1 小匙

熟白芝麻 … 適量

芝麻油

晚
☾ NIGHT

旱
☀ MORNING

牛肉預先醃漬

將醃醬的材料先放入塑膠袋，隔著袋子以手抓揉混合，再加入牛肉片充分抓揉。壓除袋內空氣，綁好袋口，放入冷藏醃漬約半天（至少 30 分鐘以上）。

蔬菜也預切

將蘆筍的根部切除 1 cm，從下方削除約 5 cm 的粗表皮，再斜切成 3 ～ 4 cm寬的斜片。洋蔥切成 1 cm寬的瓣狀。紅甜椒去除蒂頭，內膜與籽，縱切成細條。將所有材料放入塑膠袋，壓除袋內空氣，綁好袋口，放入冷藏。

炒熟即可

在平底鍋中倒入 1 小匙芝麻油，以中大火加熱，放入牛肉片拌炒。待肉變色後，加入所有的蔬菜，拌炒 2 分鐘。盛盤，撒上熟白芝麻。 （1 人份 418kcal，鹽分 2.3g）

當日未使用	直接裝袋 冷藏保存 **2 ～ 3** 天 ❄

微波即可

將湯汁用的水平均倒入兩個馬克杯裡（豆腐滲出的水不用倒掉），蓋上保鮮膜。微波加熱 7 分鐘左右，迅速拌合，撒上少許粗粒黑胡椒粉。
（1 人份 84kcal，鹽分 1.6g）

預先將材料放入馬克杯裡

豆腐剝成一口大小，平均放入兩個耐熱馬克杯裡。放上泡菜，再將水以外的湯汁材料平均加入杯裡。分別鬆鬆的蓋上保鮮膜，放入冷藏。

中式肉燥豆腐排套餐

晚上回到家，先將肉燥微波加熱＆湯鍋開火加熱，之後再開始煎豆腐，這樣做省時又順暢。

搭配的湯只需煮熟，作法簡單又能補充滿滿元氣的菜色！

配菜

白菜香菇湯

把白菜煮得軟爛可口的中式湯品。醬油和芝麻油的風味，超級開胃下飯。

材料 2人份

白菜葉 … 3 片（約150g）

新鮮香菇 … 3 朵

〈湯汁〉

雞粉 … ½ 大匙

鹽 … ⅓ 小匙

醬油 … 1 小匙

胡椒粉、芝麻油 … 各少許

水 … 2 杯

主菜

中式肉燥豆腐排

要做出濃郁的中式肉燥，蠔油就是決定味道的關鍵！

在煎出燒烤焦痕的豆腐上淋入滿滿的肉燥。

材料 2人份

〈中式肉燥〉

豬絞肉 … 150g

〈蠔油醃醬〉

砂糖 … ½ 大匙

蠔油 … 1 又 ½ 大匙

太白粉、醬油 … 各 1 小匙

板豆腐 … 1 塊（約300g）

（若有的話）青蔥花 … 適量

沙拉油、鹽、粗粒黑胡椒粉、麵粉

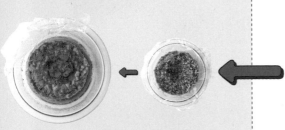

☀ MORNING

絞肉預先醃漬

將醃醬的材料先放入塑膠袋，隔著袋子以手抓揉混合，再加入豬絞肉充分抓揉。壓除袋內空氣，綁好袋口，放入冷藏醃漬約半天（至少 20 分鐘以上）。

豆腐預先瀝水

將豆腐的厚度先切成一半，再將長度縱切成一半。放在鋪有紙巾的調理盤上，將四周邊緣的紙巾折疊覆蓋豆腐上，再蓋上保鮮膜，放入冷藏。

🌙 NIGHT

微波後煎熟即可

❶將豬絞肉、3 大匙的水放入直徑約 15 cm 的耐熱調理盆中混合。在混合均勻的絞肉中間做出凹槽，鬆鬆的蓋上保鮮膜。微波加熱 4 分鐘，取出迅速打散攪拌（汁液會被絞肉吸收，不要倒掉）。

❷在平底鍋中倒入 ½ 大匙沙拉油，以中火加熱。將豆腐撒上 2 小撮鹽、少許粗粒黑胡椒粉，薄薄地沾裹上麵粉。再排放平底鍋中，兩面各煎 2 分 30 秒左右至有焦痕後盛盤。澆淋上作法❶肉燥，撒上蔥花。

（1 人份 345kcal，鹽分 2.8g）

當日未使用	直接裝袋 ❄ 冷藏保存 2 ～ 3 天

煮熟即可

將小鍋以中大火加熱煮沸後，放入白菜、香菇。待再次沸騰後轉中小火，並不時攪動拌煮 7 分鐘左右，至白菜變軟。（1 人份 24kcal，鹽分 2.3g）

預切

白菜切成易入口的片狀。香菇切除菇柄後切片。將所有材料放入塑膠袋，壓除袋內空氣，綁好袋口。將湯汁的材料放入小鍋中混合，蓋上鍋蓋。將所有材料放入冷藏。

辛香豬排套餐

主菜充滿著伍斯特醬和蒜頭的香味，色香味俱佳，讓人食慾大增。

早上備料時，先從微波馬鈴薯開始著手。

就算是厚切的肉塊，只要用醬料醃漬就能完整入味！

運用洋蔥泥軟化肉質，讓肉質鮮嫩多汁，

並增添甘甜濃郁的滋味。

配菜

和風青紫蘇馬鈴薯沙拉

放入大量撕碎的青紫蘇，滋味超清爽！

早上先將馬鈴薯微波好，製作時間即可大幅縮短。

材料 2人份

馬鈴薯 … 2 個（約300g）

青紫蘇葉 … 6 片

〈沙拉醬汁〉

　美乃滋 … 3 大匙

　鹽 … ¼ 小匙

　醋、橄欖油 … 各 1 小匙

　胡椒粉 … 少許

主菜

辛香豬排

材料 2人份

豬里肌肉排 … 2 片（約250g）

圓茄 … 2 個（約160g）

〈辛香醃醬〉

　洋蔥泥 … ⅛ 個份（約30g）

　蒜泥 … ¼ 瓣份

　砂糖、醬油 … 各 ½ 大匙

　伍斯特醬 … 1 又 ½ 大匙

　粗粒黑胡椒粉 … 少許

（若有的話）巴西里 … 適量

沙拉油、鹽

晚

☾ NIGHT

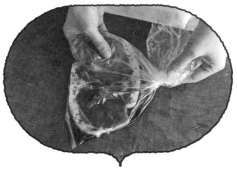

旱

☀ MORNING

煎熟即可

❶在平底鍋中倒入 ½ 大匙沙拉油，以中火加熱，放入茄子拌炒 2～3 分鐘。撒上少許鹽拌勻後盛出。

❷接著，將豬肉稍微瀝乾汁液後排放平底鍋中（醃醬預留備用），以中小火煎 2 分鐘左右。待煎至焦黃色後翻面，蓋上鍋蓋，以小火燜煎 2～2 分 30 秒。倒入醃醬並轉中火，將醬料煮至收汁並均勻沾裹豬肉。取出切成容易入口的大小，盛盤，搭配茄子和巴西里。

（1 人份 490kcal，鹽分 2.0g）

當日未使用	直接裝袋 ❄ 冷藏保存 2～3 天

 豬肉預先醃漬

將豬肉的瘦肉和脂肪交接處以刀切劃上幾刀斷筋。將醃醬的材料放入塑膠袋，隔著袋子以手抓揉混合，再加入豬肉充分抓揉。壓除袋內空氣，綁好袋口，放入冷藏醃漬約半天（至少 1 小時以上）。

 茄子也預切

將茄子的蒂頭切除，縱切對剖後再斜切成 1 cm寬的厚片。放入塑膠袋，加入 1 又 ½ 大匙的沙拉油搖晃混合。壓除袋內空氣，綁好袋口，放入冷藏。

拌勻即可

馬鈴薯去除外皮，放入調理盆。用叉子粗略搗壓碎，加入沙拉醬汁拌勻，撒上撕碎的青紫蘇大略拌合。　　（1 人份 250kcal，鹽分 1.1g）

預先微波

馬鈴薯的表皮刷洗乾淨，分別用保鮮膜包好，全部一起微波加熱 3 分鐘。接著將馬鈴薯上下翻面，再加熱 2 分 30 秒，取出待降溫。將沙拉醬汁的材料放入容器中混合，蓋上保鮮膜。將所有材料全部放入冷藏。

油淋蒸雞套餐

只需將主菜微波加熱煮熟，湯汁開火加熱即可。是幾乎不用爐火即可完成的套餐。油淋醬的蔥香和酸甜味，讓人吃了停不了口！

將雞肉用洋蔥醬醃漬，肉質變得驚人地柔軟！和油淋雞中常用的蔥醬十分搭配。

配菜

玉米蛋花湯

滑嫩的蛋花和微甜的玉米粒，帶出溫和的風味。用雞粉提升鮮味是美味的祕訣。

材料 2 人份

〈湯汁〉

　玉米醬罐頭（180g 裝）… 1 罐

　雞粉 … 1 小匙

　鹽 … 1 小撮

　胡椒粉、芝麻油 … 各少許

　水 … 1 又 ½ 杯

蛋 … 1 顆

主菜

油淋蒸雞

材料 2 人份

雞胸肉 … 1 片（約 250g）

〈洋蔥醃醬〉

　洋蔥泥 … ¼ 個份（約 50g）

　砂糖 … 1 小匙

　鹽 … ½ 小匙

　胡椒粉 … 少許

〈油淋醬〉

　青蔥粗末 … ¼ 根份

　砂糖、醋 … 各 1 大匙

　醬油 … 1 又 ½ 大匙

　芝麻油 … 1 小匙

喜好的生菜（萵苣、小黃瓜切絲等）… 適量

主菜
油淋蒸雞

晚
☾ NIGHT

早
☀ MORNING

雞肉預先醃漬

將洋蔥醃醬的材料先放入塑膠袋，隔著袋子以手抓揉混合，再加入雞肉充分抓揉。壓除袋內空氣，綁好袋口，放入冷藏醃漬約半天（至少 30 分鐘以上）。

微波即可

❶將雞肉表面的醃醬大致刮除，放在直徑約 23 cm 的耐熱盤上。鬆鬆的蓋上保鮮膜，微波加熱 2 分 30 秒。將雞肉翻面後蓋上保鮮膜，加熱 2 分鐘後取出。靜置 5 分鐘，藉由餘溫讓雞肉熟透，切成容易入口的大小。
❷將喜好的生菜鋪放盤皿中，放上雞肉，再淋入油淋醬。

（1 人份 243kcal，鹽分 2.4g）

油淋醬汁也預先調合備用

將油淋醬的材料放入小容器中混合，蓋上保鮮膜，放入冷藏。

當日未使用	直接裝袋 冷藏保存 2～3 天 ❄

配菜
玉米蛋花湯

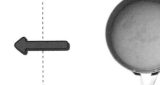

預先混合

將湯汁的材料放入小鍋中混合，蓋上鍋蓋後放入冷藏庫中。

煮熟即可

小鍋開中火。將蛋打入調理盆中攪散，待湯汁煮沸後分次少量地繞圈倒入蛋液，待凝固浮起成蛋花後關火，大略攪拌即可。

（1 人份 120kcal，鹽分 1.7g）

味噌青椒炒豬五花套餐

青椒、櫛瓜、南瓜，這份套餐一次可以吃到多種的蔬菜。

南瓜微波加熱後，要有足夠的時間來入味，不妨先從配菜開始著手吧！

將豬五花肉用甘甜的味噌醬醃漬，滋味濃郁超下飯！

櫛瓜切成滾刀塊，可炒出爽脆的口感。

配菜

南瓜煮物

只用一個調理盆即可製作的微波菜。

生薑散發出的香氣，風味清爽，讓人食慾大增。

材料 2人份

南瓜（小）… ¼ 個（約250g）

〈煮汁〉

　生薑絲 … 1 段份

　味醂 … 1 大匙

　醬油 … ½ 大匙

　鹽 … ¼ 小匙

　水 … ½ 杯

主菜

味噌青椒炒豬五花

材料 2人份

豬五花肉片 … 150g

紅甜椒（長型）… 3 個（約150g）

櫛瓜（大）… 1 條（約200g）

〈甜味噌醃醬〉

　砂糖 … 1 大匙

　酒、味噌 … 各 2 大匙

沙拉油

晚
☾ NIGHT

早
☀ MORNING

豬肉預先醃漬

豬肉切成 6～7 cm長片。將醃醬的材料放入塑膠袋，隔著袋子以手抓揉混合，再加入豬肉片充分抓揉。壓除袋內空氣，綁好袋口，放入冷藏醃漬約半天（至少 15 分鐘以上）。

炒熟即可

在平底鍋中倒入 ½ 大匙沙拉油，以中火加熱，放入櫛瓜、紅甜椒。拌炒 2 分鐘至櫛瓜略帶透明變軟，移至鍋子的邊緣。接著在中間空出來的鍋面，倒入1小匙沙拉油，加入豬肉片拌炒。待肉變色後灑上 1 大匙的水，將全部材料一起炒勻。

（1 人份 425kcal，鹽分 2.3g）

蔬菜也預切

紅甜椒縱切對剖，去除蒂頭和內膜與籽後切成一口大小。櫛瓜切除兩端後，切成一口大的滾刀塊。將所有材料放入塑膠袋搖晃混合，壓除袋內空氣，綁好袋口，放入冷藏。

當日未使用	直接裝袋 ❄ 冷藏保存 **2～3** 天

微波即可

將煮汁倒入直徑約 15 cm的耐熱調理盆中，加入南瓜。鬆鬆的蓋上保鮮膜，微波加熱 6 分鐘左右。將南瓜上下翻面，再度覆蓋上保鮮膜，靜置 5 分鐘以上，使其充分入味。

（1 人份 121kcal，鹽分 0.9g）

預切

南瓜去除瓜瓤和籽，切成 2～3 cm的四方丁。放入塑膠袋，壓除空氣後綁好袋口。將煮汁的材料放入容器中混合，蓋上保鮮膜。將所有材料放入冷藏。

龍田揚薑汁豬排套餐

當天若想要「稍微花點工夫做炸物！」的話，配菜的部分就做一道只需盛盤就完成的小菜。

鮮美十足的龍田揚，加上清爽的梅子風味淺漬，搭配出絕美的平衡感！

充分滲入薑汁醬油風味的豬肉超美味！
由於是將肉片折起來油炸，可炸出鬆軟柔嫩的口感。

配菜

日式醃梅白蘿蔔淺漬沙拉

白蘿蔔搭配拍碎的小黃瓜，口感十分爽脆。

由於鹹味較清淡，可以像沙拉般大量地享用！

材料 2 人份

白蘿蔔 ⋯ 6 ㎝（約250g）

小黃瓜 ⋯ 1 條（約100g）

日式醃梅肉（鹽分約12％者）
⋯ 1 大顆份（約15g）

熟白芝麻 ⋯ 適量

鹽

主菜

龍田揚薑汁豬排

材料 2 人份

豬里肌肉片 ⋯ 8 片（約160g）

〈薑汁醬油醃醬〉

　生薑汁 ⋯ ½ 大匙

　醬油 ⋯ 1 大匙

　酒 ⋯ 1 又 ½ 大匙

　鹽 ⋯ 少許

喜好的生菜（葉萵苣、蘿蔔嬰等）⋯各適量

太白粉、沙拉油

晚 NIGHT

炸熟即可

❶將豬肉的汁液稍微瀝掉後對折成半,兩面充分裹上太白粉。

❷在平底鍋中倒入沙拉油,約5mm的高度,以中火加熱2分鐘。將里肌肉片排放平底鍋中,待裹粉變硬後,不時翻面煎炸4分鐘。瀝油盛盤,搭配喜好的生菜。

(1人份 276kcal,鹽分 1.1g)

當日未使用	直接裝袋 冷藏保存 2 ～ 3 天 ❄

早 MORNING

豬肉預先醃漬

將醃醬的材料先放入塑膠袋,隔著袋子以手抓揉混合,再將豬肉片攤平放入塑膠袋裡,稍微輕壓讓肉片均勻浸泡到醃醬(不需要抓揉)。壓除袋內空氣後攤平,綁好袋口,放入冷藏醃漬約半天(至少 30 分鐘以上)。

盛盤即可

盛盤,撒上熟白芝麻。

(1人份 26kcal,鹽分 1.6g)

預先醃漬

白蘿蔔削皮,切成 1 cm厚的細條。小黃瓜切除兩端,用擀麵棍拍打至裂開,剝成 5 cm長段。將所有材料都放入塑膠袋,加入剝碎的醃梅肉,再撒入⅓ ～ ½ 小匙的鹽隔著袋子以手抓揉混合。壓除袋內空氣,綁好袋口,放入冷藏醃漬約半天(至少 30 分鐘以上)。

主菜

龍田揚薑汁豬排

配菜

日式醃梅白蘿蔔淺漬沙拉

茄汁雞塊套餐

將人氣菜色的乾燒蝦仁換成便宜的雞胸肉做變化！主菜需要計量的材料比較多，配菜就搭配一道靠目測即可快速製作的小菜。

只用常備的調味料就能完成，風味卻是道地正統派！即使是容易乾柴的雞胸肉，只要運用太白粉或油漬，就能做出鮮嫩多汁，令人驚豔的口感。

配菜

速成韓式黃豆芽拌菜

富口感的黃豆芽菜，營養價值也很優異。當作速成的下酒小菜也很適合。

材料 2人份

黃豆芽菜 … 1 袋（約 200g）

〈韓式拌菜醬〉

　鹽 … 2 ～ 3 小撮

　芝麻油 … 淋一圈

　粗粒黑胡椒粉 … 少許

主菜

茄汁雞塊

材料 2人份

雞胸肉（去皮・小）… 1 片（約 200g）

青蔥 … ½ 根（約 40g）

〈醃醬〉

　鹽 … ¼ 小匙

　太白粉、酒、沙拉油

　　… 各 ½ 大匙

〈茄汁煮醬〉

　蒜泥 … ¼ 瓣份

　砂糖 … 1 大匙

　番茄醬 … 4 大匙

　雞粉、醬油 … 各 1 小匙

　水 … ½ 杯

沙拉油、太白粉、芝麻油

晚
🌙 NIGHT

煮熟即可

❶在平底鍋中倒入 ½ 大匙沙拉油，以中火加熱。將雞肉的汁液稍微擦掉後排放平底鍋中，兩面各煎 1 分 30 秒後再拌炒 1 分鐘。

❷加入茄汁煮醬和青蔥，煮至微沸騰後再續煮沸騰約 30 秒。接著將 1 小匙太白粉和 2 小匙的水混合拌勻，淋入鍋中並大幅攪動勾芡。最後淋入少許芝麻油，大略攪拌。
（1 人份 245kcal，鹽分 3.0g）

當日未使用	直接裝袋 ❄ 冷藏保存 2 ～ 3 天

旱
☀ MORNING

 ## 雞肉預先醃漬

雞胸肉由上往下斜削切成一口大的片狀。將醃醬的材料放入塑膠袋，隔著袋子以手抓揉混合，再加入雞胸肉充分抓揉。壓除袋內空氣，綁好袋口，放入冷藏醃漬約半天（至少 15 分鐘以上）。

 ## 青蔥也預切 & 茄汁煮醬預先調合備用

青蔥切粗碎後放入塑膠袋，壓除袋內空氣，綁好袋口。將茄汁煮醬的材料放入小容器中混合，蓋上保鮮膜。將所有材料放入冷藏。

微波後拌勻即可

黃豆芽菜放入直徑約 20 ㎝的耐熱調理盆中，鬆鬆的蓋上保鮮膜，微波加熱 3 分鐘。加熱後倒在瀝水網上，確實瀝乾水分。將調理盆的水分擦乾，再將豆芽菜放回盆裡，加入韓式拌菜醬的材料拌勻。
（1 人份 38kcal，鹽分 1.0g）

預清洗

黃豆芽菜洗淨放置瀝水網上，瀝除水分。將瀝水網放在小的調理盆上，蓋上保鮮膜，放入冷藏。

白蘿蔔炒豬五花套餐

白蘿蔔豬五花是日本家常的人氣料理。這裡不用燉煮，而是以更加省時的煎&炒製作。將白蘿蔔煎到上色的步驟較費時，晚上就先從「白蘿蔔炒豬五花」這道料理開始動手吧！

白蘿蔔由於是用煎的方式料理，切片的厚度必須一致。

豬五花的甘甜和白蘿蔔的燒烤香，真是絕品！略帶蒜頭風味能讓人胃口大開。

配菜

芝麻桔醋
拌鴻喜菇小松菜

把小松菜和鴻喜菇微波加熱即可！免煮燙，是一道能輕鬆製作的拌菜。

材料 2人份

小松菜 … 1小把（約150g）

鴻喜菇 … 1包（約100g）

柑橘醋醬油、熟白芝麻 … 各適量

鹽

主菜

白蘿蔔炒豬五花

材料 2人份

豬五花肉片 … 150g

白蘿蔔 … 1/3根（約400g）

〈蒜泥醬油醃醬〉

　蒜泥 … 1/4瓣份

　醬油、味醂 … 各2大匙

　酒 … 1大匙

　太白粉 … 1/3小匙

（若有的話）青蔥花 … 適量

芝麻油

晚 ☾ NIGHT

炒熟即可

❶在平底鍋中倒入 ½ 大匙芝麻油，以中大火加熱。將白蘿蔔片盡可能地平鋪於鍋面，煎3分鐘，至邊圈呈現焦黃色。上下翻面再續煎2分鐘，使兩面呈焦黃。

❷將豬肉片連同醃醬放入平底鍋中，撒上1大匙的水後轉大火。待肉變色後拌炒3分鐘，炒勻所有的材料，盛盤。撒上蔥花。

（1人份 425kcal，鹽分 2.7g）

當日未使用	直接裝袋 ❄ 冷藏保存 2 ～ 3 天

早 ☀ MORNING

 豬肉預先醃漬

豬肉切成 6 ～ 7 cm長片。將醃醬的材料放入塑膠袋，隔著袋子以手抓揉混合，再加入豬肉片充分抓揉。壓除袋內空氣，綁好袋口，放入冷藏醃漬約半天（至少 30 分鐘以上）。

 白蘿蔔也預切

白蘿蔔削皮後，切成 5 ～ 6 mm厚扇形片。放入塑膠袋，壓除袋內空氣後，綁好袋口，放入冷藏。

微波後拌勻即可

將小松菜、鴻喜菇放入直徑約 20 cm的耐熱調理盆中，鬆鬆的蓋上保鮮膜。微波加熱 3 分鐘後，從保鮮膜的邊緣掀開瀝掉多餘的水分（溫度高，注意避免燙傷）。加入少許的鹽混合後盛盤，淋入柑橘醋醬油，撒上熟白芝麻。

（1人份 24kcal，鹽分 0.8g）

預切

小松菜切除根部，再切成 5 cm長段。鴻喜菇切除根部後分成小朵。將所有材料放入塑膠袋，壓除袋內空氣，綁好袋口，放入冷藏。

檸檬馬鈴薯鹽味豬套餐

帶給人豐盛豪華感，是特別的日子能派上用場的菜色。
作法當然也很簡單，平時做也沒問題！
料理時請先把配菜微波，再開始著手處理主菜。

只需醃漬半天的簡易鹽味豬，味道卻十分濃郁鮮美！
和檸檬片交錯重疊後燜熟，可增添清爽的香氣。
加上熱呼呼又鬆軟的馬鈴薯，吃起來超滿足！

配菜

青花菜酪梨沙拉

材料 2人份

青花菜 … ⅓ 棵（約100g）
酪梨 … 1 個（約220g）
〈法式沙拉醬〉
　檸檬汁 … ½ 大匙
　橄欖油 … 1 又 ½ 大匙
　鹽 … ⅓ 小匙
　胡椒粉 … 少許

將酪梨搗碎後就成了濃厚的醬料。
滿滿地沾裹在鬆軟的青花菜上享用。

主菜

檸檬馬鈴薯鹽味豬

材料 2人份

豬里肌肉排 … 2 片（約250g）
馬鈴薯 … 2 個（約300g）
檸檬圓片 … 4 片
〈橄欖油醃醬〉
　鹽 … ¾ 小匙
　橄欖油 … 1 大匙
　粗粒黑胡椒粉 … 少許
橄欖油

晚
🌙 NIGHT

旱
☀ MORNING

豬肉預先醃漬

將豬肉的瘦肉和脂肪交接處以刀切劃上幾刀斷筋，再將每片豬肉分切成 5 小片。將醃醬的材料放入塑膠袋，隔著袋子以手抓揉混合，再加入豬肉片充分抓揉。接著放入檸檬，壓除袋內空氣，綁好袋口，放入冷藏醃漬約半天。

燜燒即可

❶ 在平底鍋中倒入 ½ 大匙橄欖油，以中火加熱。將馬鈴薯的水分確實瀝乾，排放平底鍋中，煎 3～4 分鐘至稍微焦黃後翻面。
❷ 將豬肉片、檸檬連同醃醬鋪在馬鈴薯上，繞圈淋上 2 大匙的水。蓋上鍋蓋以燜燒的方式加熱約 5 分鐘，直到馬鈴薯用竹籤可刺穿的程度。打開鍋蓋後轉中大火，將多餘的水分煮乾並大略翻拌。

（1 人份 516kcal，鹽分 2.4g）

馬鈴薯也預切

馬鈴薯削皮後，切成 1 cm厚的半圓片。放入調理盆中，倒入足以淹蓋過馬鈴薯的水量，蓋上保鮮膜（若室溫較高可放冷藏）。

當日未使用	直接裝袋 ❄ 冷藏保存 2～3 天

微波後拌勻即可

將青花菜鋪放在直徑約 23 cm的耐熱盤中，繞圈淋上 4 大匙的水。鬆鬆的蓋上保鮮膜，微波加熱 3 分鐘後，靜置 5 分鐘待降溫，瀝除水分。將酪梨對半直剖後去核，並將果肉刮到調理盆中，用叉子大致壓碎。加入沙拉醬汁拌勻，再加入青花菜大略混合。　　　（1 人份 242kcal，鹽分 1.0g）

預切

青花菜切成小朵狀，放入塑膠袋，壓除袋內空氣，綁好袋口。將沙拉醬汁的材料放入小容器中混合，蓋上保鮮膜。將所有材料放入冷藏。

微波胡蘿蔔鱈魚子

用鮮味滿點的鱈魚子做出濃郁滋味。
散發著柔和的奶油香氣。

材料 2人份

胡蘿蔔 … 1 根（約 150g）
鱈魚子（剝散）… ½ 條份（約 40g）
〈調味用〉
┌ 奶油 … 15g（剝小塊）
│ 醬油 … ½ 大匙
└ 鹽、胡椒粉 … 各少許

❶ 胡蘿蔔用削皮刀去皮後，用刨刀刨成細絲。將胡蘿蔔絲平鋪在直徑約 20 ㎝ 的耐熱盤中，撒上鱈魚子，放上調味用的材料。

❷ 鬆鬆的蓋上保鮮膜，微波加熱 3 分 30 秒。加熱後將鱈魚子打散攪拌混合。
　　　　　　（1 人份 100kcal，鹽分 2.1g）

COLUMN2 只有準備主菜時即可派上用場

免切 配菜篇

早上連配菜的備料都來不及處理！（汗）
遇到這種日子，就從本單元挑選一道小菜吧！
不需要動到菜刀＆砧板，回到家也能輕鬆完成。

薑汁豌豆苗鮪魚沙拉

豌豆苗生吃其實也很可口！
生薑清爽的辛香味讓人吃了欲罷不能。

材料 2人份

豌豆苗 … 1 包（淨重約 100g）
鮪魚罐頭（油漬 70g 裝）… 1 罐
〈薑泥拌醬〉
┌ 生薑泥 … ¼ 瓣份
│ 芝麻油 … 1 又 ½ 大匙
└ 鹽 … ¼ 小匙

將豌豆苗從葉子部分用料理剪刀剪成 3 ～ 4 ㎝ 長，再將根部剪掉。將罐頭鮪魚瀝除湯汁。將拌醬的材料放入調理盆中混合，加入豌豆苗攪拌至豆苗變軟，再加入鮪魚拌勻。

　　　　　　（1 人份 174kcal，鹽分 1.0g）

酸菜納豆涼拌豆腐

只要將酸菜 × 納豆放在豆腐上，
即可完成一道超下飯的「豆腐小菜」！

材料 2人份

板豆腐 … 1 塊（約 300g）
納豆 … 1 包
酸菜（切碎的）… 3 大匙
醬油

豆腐用手剝開後盛盤。將納豆及內附醬料、酸菜放入調理盆中混合後，鋪放豆腐上，再淋入少許醬油。
　　　　　（1 人份 164kcal，鹽分 1.0g）

和風黃芥末燜茄子

帶著日式黃芥末風味的清爽和風淋醬，
充分入味至軟爛的茄子中非常美味。

材料 2 人份

圓茄 … 3 個（約 240g）
〈日式黃芥末醬油淋醬〉
　砂糖、醬油、醋、沙拉油
　　… 各 1 大匙
　日本黃芥末醬 … ½ 小匙
熟白芝麻 … 適量

❶ 將茄子用削皮刀相間隔削皮後，分
別用保鮮膜包好。將所有茄子一起
微波加熱 4 分鐘，取出立即浸泡在
含冰塊的冰水中冷卻。

❷ 將茄子的保鮮膜取下後瀝乾水分，
用料理剪刀將蒂頭剪掉，用手撕成
容易入口的大小。將茄子盛盤，淋
上混合的淋醬，撒上熟白芝麻。
（1 人份 104kcal，鹽分 1.4g）

南瓜蜂蜜堅果沙拉

在柔軟甘甜的南瓜上，
用脆脆的核桃增添口感變化。

材料 2 人份

南瓜 … ⅙ 個（約 250g）
核桃（熟的，無鹽）
　　… 15g（用手剝 2 ～ 4 等分）
〈蜂蜜美乃滋醬〉
　美乃滋 … 2 大匙
　蜂蜜、黃芥末籽醬 … 各 ½ 大匙
　鹽 … 1 小撮

南瓜去除瓜瓤和籽，表皮朝下放
入直徑約 20 ㎝的耐熱調理盆中。
鬆鬆的蓋上保鮮膜，微波加熱 4
分鐘，直到南瓜可用竹籤刺穿的
程度。趁熱用叉子壓成粗碎，靜
置待溫度降低。加入醬料的材料
後拌勻，再加入核桃碎拌勻。（1
人份 247kcal，鹽分 0.9g）

蠔油燙萵苣

萵苣煮過後會大幅縮水，
瞬間就能把 ½ 個萵苣吃個精光！

材料 2 人份

萵苣（大）… ½ 個（約 200g）
〈蠔油醬〉
　蠔油、芝麻油 … 各 1 大匙
芝麻油、鹽

萵苣用手撕成一口大小。在鍋
煮大量的沸水，放入少許的芝
油、鹽。接著放入萵苣燙煮約
秒，瀝掉熱水後盛盤，淋上事
混合的醬料。
（1 人份 74kcal，鹽分 1.1g

橄欖醬油淋蟹味棒緞帶白蘿蔔

把白蘿蔔用削皮刀削成緞帶片即可，超輕鬆！
緞帶白蘿蔔有著爽脆的口感。

材料 2 人份

白蘿蔔 … 150g
蟹味棒 … 5 條（約 40g）
橄欖油、醬油

白蘿蔔用削皮刀去皮，再削成 12～13 cm 薄長片。蟹味棒用手剝成粗絲。將所有材料大略拌匀後盛盤，把 1 大匙橄欖油和 ½ 大匙醬油混合，淋在材料上。
（1 人份 85kcal，鹽分 1.1g）

芝麻鹽昆布拌手撕高麗菜

高麗菜、鹽昆布、芝麻油。
這樣的開胃組合讓人一口一口吃不停！

材料 2 人份

高麗菜的葉片 … 3 片（約 150g）
鹽昆布 … 5g
熟白芝麻 … 1 大匙
芝麻油、鹽

高麗菜用手撕成一口大小的片狀（去除粗梗），放入調理盆中。加入 1 大匙芝麻油、¼ 小匙鹽充分混合拌匀。加入鹽昆布、熟白芝麻迅速拌匀。
（1 人份 97kcal，鹽分 1.2g）

蛋炒綠豆芽菜

蛋和美乃滋混合，
出口感鬆軟＆風味溫和的炒豆芽菜。

材料 2 人份

豆芽菜 … 1 袋（約 200g）
〈蛋液〉
蛋 … 2 顆
美乃滋 … 1 大匙
鹽 … 1 小撮
胡椒粉 … 少許
沙拉油、鹽、胡椒粉
粗粒黑胡椒粉

蛋打入調理盆中攪散，加入蛋液中其餘的材料混合。將 ½ 大匙沙拉油倒入平底鍋中，以中大火加熱，放入綠豆芽菜拌炒。炒軟後加入 ¼ 小匙鹽、少許胡椒粉，再繞圈倒入蛋液。大略炒匀後盛盤，撒上少許粗粒黑胡椒粉。
（1 人份 153kcal，鹽分 1.5g）

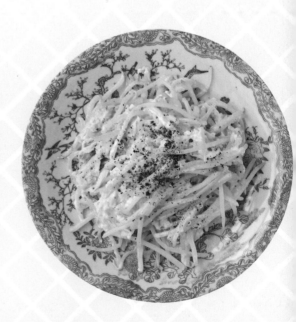

魚類主菜的
預漬快手套餐

魚類菜餚不受家人的歡迎……要是這樣的話,「預先醃漬」就是首選!
醃漬過的魚肉相當夠味,味道鮮美能讓人扒上好幾口飯。
肉質不易乾柴,完成的料理鮮嫩多汁也是一大優點。
使用魚肉切片料理也很簡單,讓魚類料理一下子變得平易近人。

香蒜照燒鰤魚套餐

充滿蒜香的「照燒鰤魚」，對正值成長期食慾旺盛的孩子，也會是十分滿足的菜色！主菜的味道偏甜鹹，配菜就以酸味做出口味的對比。

味道本身當然不在話下，煎魚時散發出的誘人香氣也讓人難以抗拒！由於醬料很容易燒焦，煎的時候要多加留意。

配菜

蕪菁檸檬甘醋漬

醋＋檸檬的雙重酸味十分地清爽。甘醋的砂糖稍微多放了一些，味道溫和更加順口。

材料 2 人份

蕪菁 … 2 個（約 200g）
檸檬 … ¼ 顆
〈甘醋〉
　砂糖 … 2 大匙
　醋 … 1 又 ½ 大匙
　水 … 1 大匙
　鹽 … ½ 小匙

主菜

香蒜照燒鰤魚

材料 2 人份

鰤魚切片 … 2 半切片（約 200g）
青花菜（小）… ½ 棵（約 100g）
〈蒜泥照燒醬〉
　蒜泥 … ¼ 瓣份
　砂糖、味醂 … 各 1 大匙
　醬油 … 1 又 ½ 大匙
鹽、沙拉油

58

晚
☾ NIGHT

早
☀ MORNING

鰤魚預先醃漬

將醃醬的材料先放入塑膠袋，隔著袋子以手抓揉混合，再加入鰤魚輕輕抓勻。將鰤魚並列平放，壓除袋內空氣，綁好袋口，放入冷藏醃漬約半天（至少20分鐘以上）。

青花菜也預切

青花菜切成小朵，放入塑膠袋，壓除袋內空氣，綁好袋口，放入冷藏。

煎熟即可

❶將青花菜放入平底鍋中，灑上5大匙的水和少許鹽。蓋上鍋蓋，開中火燜煮4分鐘。打開鍋蓋，若有多餘水分煮乾後盛出。

❷在同一個平底鍋中倒入 ½ 大匙沙拉油，以中小火加熱。將鰤魚的汁液確實瀝乾後排放平底鍋中（醃醬留著備用），煎2分鐘至鰤魚呈焦黃色，翻面以最小火煎5分鐘。倒入醃醬轉中火，煮至醬料收汁有光澤且充分沾裹鰤魚表面。盛盤，搭配青花菜。

（1人份 315kcal，鹽分 2.1g）

當日未使用	直接裝袋 ❄ 冷藏保存 **2** 天

盛盤即可

稍微瀝除汁液，盛盤。

（1人份 41kcal，鹽分 0.7g）

預先醃漬

蕪菁去皮，縱向切成3mm寬的片狀。檸檬切成半圓片。將甘醋的材料放入塑膠袋，隔著袋子以手抓揉混合，再放入蕪菁、檸檬後充分抓揉。壓除袋內空氣，綁好袋口，放入冷藏醃漬約半天（至少2小時以上）。

法式麥年煎鮭魚套餐

用奶油香煎鮭魚，搭配黃芥末醬風味的沙拉，組合出西洋風的魚套餐。

地瓜冷卻需要一段時間，因此最先進行微波加熱。

備料時的必要材料只有「鹽」！有效去除水分與腥味，凝縮鮮味，充分享受鮭魚的美味。

配菜

黃芥末
地瓜沙拉

地瓜的甘甜味，和黃芥末美乃滋適中的酸味堪稱絕配。無論是味道或外觀都別緻♪

材料 2 人份

地瓜 … 1 條（約 200g）

〈黃芥末美乃滋醬〉

　美乃滋 … 2 大匙

　黃芥末籽醬 … 1 大匙

　砂糖 … 1 小匙

　鹽 … 1 小撮

　胡椒粉 … 少許

主菜

法式麥年* 煎鮭魚

材料 2 人份

鮭魚切片 … 2 半切片（約 200g）

喜好的生菜（奶油萵苣等）、

　檸檬（切圓片）… 各適量

鹽、麵粉、橄欖油、奶油

*譯註：麥年（Meunière），是法式料理中
　的一種煎魚手法。

晚
🌙 NIGHT

 煎熟即可

將鮭魚表面的水分擦乾,薄薄沾裹上麵粉。在平底鍋中放入 2 大匙橄欖油和 10g 奶油,以中火加熱。待奶油融化後將鮭魚放入鍋中,煎 2 分鐘。至焦黃後翻面,轉中小火再煎 3 分鐘至兩面上色。盛盤,搭配喜好的生菜、檸檬。

（1 人份 285kcal,鹽分 1.3g）

當日未使用	直接裝袋 ❄ 冷藏保存 **2** 天

早
☀ MORNING

鮭魚預先醃漬

將鮭魚不要重疊地放入塑膠袋,兩面撒上 ½ 小匙鹽,輕輕抓勻。壓除袋內空氣,綁好袋口,放入冷藏醃漬約半天(至少 15 分鐘以上)。

微波後拌勻即可

將地瓜攤開放入直徑約 20 ㎝的耐熱盤中,鬆鬆的蓋上保鮮膜,微波加熱 4 分鐘後,靜置待溫度降低。將地瓜倒入調理盆中,加入美乃滋醬拌勻。

（1 人份 230kcal,鹽分 1.0g）

預切

地瓜洗乾淨後,連皮切成 1.5 ㎝的四方丁,稍微泡一下水後瀝乾水分。放入塑膠袋,壓除袋內空氣,綁好袋口。將美乃滋醬的材料放入小容器中混合,蓋上保鮮膜。將所有材料放入冷藏。

龍田揚山椒鯖魚套餐

炸得香噴噴的鯖魚，美味得讓人吃個不停。在涼拌豆腐上稍微花點工夫加上番茄，就完成一套同時能攝取到蔬菜的餐點！

充分醃漬過的龍田揚鯖魚，是道用山椒粉做出的大人口味。小朋友吃的話，不放山椒粉也OK唷。

配菜

番茄涼拌豆腐

材料 2 人份

嫩豆腐 … 1 塊（約 300g）
〈番茄淋醬〉
  番茄（小）… 1 顆（約 100g）
  橄欖油 … ½ 大匙
  醬油 … 2 小匙
（依喜好添加）青紫蘇葉 … 適量

加入了橄欖油，帶著醇厚感的番茄淋醬，讓清爽的涼拌豆腐吃起來更有滿足感。

主菜

龍田揚山椒鯖魚

材料 2 人份

鯖魚切片（半片‧大）… 1 片（約 200g）
南瓜 … ⅛ 個（淨重約 150g）
〈醬油醃醬〉
  醬油 … 1 大匙
  酒 … 2 大匙
  鹽 … 1 小撮
山椒粉 … 適量
太白粉、沙拉油、鹽

晚 ☾ NIGHT

炸熟即可

❶將鯖魚的汁液擦乾，充分沾裹上太白粉。在平底鍋中倒入沙拉油，約1cm高度的油量，加熱至偏低的中溫（※）。放入南瓜油炸2分～2分30秒，炸好後瀝油。

❷接著，放入鯖魚炸3分鐘，炸好後瀝油。將鯖魚和南瓜一起盛盤，在南瓜撒上少許鹽，鯖魚撒上山椒粉。

（1人份 325kcal，鹽分 1.7g）

※ 油溫170℃。用乾燥的長筷前端觸及鍋底時，馬上冒出細泡的程度。

| 當日未使用 | 直接裝袋冷藏保存 **2** 天 | ❄ |

旱 ☀ MORNING

 鯖魚預先醃漬

鯖魚若帶有腹骨先剔除，再將小骨去除，去骨去刺，由上往下斜削切成一口大的片狀（淨重約180g）。將醃醬的材料放入塑膠袋，隔著袋子以手抓揉混合，再加入鯖魚輕輕抓勻。壓除袋內空氣，綁好袋口，放入冷藏醃漬約半天（至少20分鐘以上）。

南瓜也預切

南瓜去除瓜瓤和籽，長度先切成一半，再切成1cm寬的瓣狀。放入塑膠袋，壓除空氣，綁好袋口，放入冷藏。

盛盤即可

豆腐瀝乾水分，將長度切成一半，盛盤。平均淋上醬料，依喜好撒上撕碎的青紫蘇。

（1人份 125kcal，鹽分 0.9g）

預先混合

番茄去除蒂頭，切成1cm的四方丁。將番茄以外的淋醬材料混合，加入番茄稍微攪拌，蓋上保鮮膜，放入冷藏。

 主菜 龍田揚山椒鯖魚

配菜 番茄涼拌豆腐

梅子薑汁燒旗魚套餐

「有稍微清淡的魚料理就好了」想吃魚的時候,這套餐點最適合。
配菜的作法也超簡單,可專注在製作主菜上,
真的沒有時間料理的話,這個菜單也能派上用場!

運用梅肉帶出的微酸味,
是味道偏清爽的照燒料理。
和煎出燒烤香的青椒也十分搭配。

配菜

免鍋煮海帶芽蘿蔔嬰味噌湯

只需倒入熱水即可完成的速成味噌湯。
放入柴魚片代替高湯,香味十足。

材料 2人份

蘿蔔嬰 … ⅓ 包
乾燥切段海帶芽 … 4 小匙(約 4g)
柴魚片 … ½ 包(約 2g)
味噌

主菜

梅子薑汁燒旗魚

材料 2人份

劍旗魚切片(大) … 2 片(約 250g)
青椒 … 4 個
〈梅子薑泥醃醬〉
  日式醃梅肉(鹽分約 12%者)
    … 1 大顆份(約 15g)
  生薑泥 … 1 段份
  醬油、味醂 … 各 1 大匙
  砂糖 … 1 小匙
沙拉油

晚
🌙 NIGHT

早
☀ MORNING

煎熟即可

❶在平底鍋中倒入1小匙沙拉油,以中火加熱。將劍旗魚的汁液確實瀝除後,放入鍋中(醃醬預留備用)。接著將青椒攤平於鍋中,煎3分鐘左右,待劍旗魚呈現焦黃色,與青椒一起翻面,轉小火續煎2〜3分鐘。將青椒先取出盛盤。

❷倒入醃醬後轉大火,迅速煮一下,讓醬料沾裹劍旗魚表面,關火。將魚肉盛放在作法❶的盤子上,淋入鍋裡的醬料。

(1人份241kcal,鹽分2.5g)

當日未使用	直接裝袋 ❄ 冷藏保存 **2** 天

劍旗魚預先醃漬

將醃醬用的生薑、調味料放入塑膠袋,醃梅大略地剝碎後加入,隔著袋子以手抓揉混合,再加入劍旗魚輕輕抓勻。將劍旗魚不要重疊地排放,壓除袋內空氣,綁好袋口,放入冷藏庫漬約半天(至少20分鐘以上)。

青椒也預切

青椒縱切對剖,去除蒂頭、內膜與籽後,再縱切成一半。放入塑膠袋,壓除袋內空氣,綁好袋口,放入冷藏。

倒入碗裡即可

將蘿蔔嬰平均放入兩個碗裡,再將1又½杯的熱水等分倒入碗裡,稍微攪拌讓味噌溶解即可。

(1人份31kcal,鹽分1.8g)

預切

蘿蔔嬰切除根部,用保鮮膜包好。海帶芽切段,與柴魚片、4小匙味噌平均放入兩個碗裡,蓋上保鮮膜。將所有材料全部放入冷藏。

黑醋竹筴魚南蠻漬套餐

有滿滿生菜的南蠻漬，加上烤油豆腐，吃起來超有飽足感的組合。

先從烤油豆腐開始著手，留意烤箱避免燒焦，同時料理竹筴魚，這樣做就比較放心了。

用醃漬蔬菜的方式來準備醬料最棒！竹筴魚不用醃漬，只需拌上醬料就好，簡單又快速。

圓潤不刺激的黑醋醬，風味溫和也很吸引人。

配菜

味噌美乃滋烤油豆腐

用烤箱烤過的味噌美乃滋，有著香噴噴的燒烤香氣！撒入撕碎的青紫蘇增添清香。

材料 2 人份

油豆腐 … 1 片（約 250g）

〈味噌美乃滋燒烤醬〉
- 味噌 … 1 大匙
- 美乃滋 … 2 大匙

青紫蘇葉 … 2 片

主菜

黑醋竹筴魚南蠻漬

材料 2 人份

竹筴魚（三片切）… 3 隻份（約 250g）

洋蔥 … ½ 個（約 100g）

紅、黃甜椒（球型）… 各 ⅓ 個（約 100g）

〈黑醋南蠻醃醬〉
- 紅辣椒丁 … 1 根份
- 砂糖 … 1 大匙
- 黑醋（或用白醋）、醬油 … 各 2 大匙
- 水 … 3 大匙

鹽、太白粉、沙拉油

❶

❷

竹筴魚炸熟與
蔬菜醋汁拌勻即可

❶若介意竹筴魚的小骨可剔除拔淨，擦乾表面水分後，撒上少許鹽抹勻，再沾裹上薄薄的太白粉。

❷在平底鍋中倒入沙拉油，約5mm高度的油量，以中火加熱約2分鐘。將竹筴魚排放平底鍋中，並不時翻面煎炸4分鐘。趁熱倒入蔬菜醋汁拌勻。

（1人份 267kcal，鹽分 2.2g）

當日未使用	直接裝袋 冷藏保存 2〜3 天

蔬菜醋汁預先醃漬

洋蔥縱向切片。甜椒去除蒂頭、內膜與籽後，縱向切片。將醃醬的材料放入調理盤中混合，再加入洋蔥、甜椒稍微拌合，蓋上保鮮膜，放入冷藏醃漬約半天（至少30分鐘以上）。

烤熟即可

將鋁箔紙平鋪於烤箱的烤盤上，油豆腐切面朝上排放烤盤中。在切面塗刷上燒烤醬，用烤箱烤7〜8分鐘，直至金黃上色。烤好後盛盤，撒上撕碎的青紫蘇。 （1人份 287kcal，鹽分 1.4g）

預切

將油豆腐的長度先切成一半，厚度也切成一半。放入塑膠袋，壓除袋內空氣，綁好袋口。將燒烤醬的材料放入小容器中混合，蓋上保鮮膜。將所有材料放入冷藏。

青蔥榨菜蒸鱈魚套餐

味道清淡的鱈魚，運用芝麻油和榨菜的風味來燜蒸，味道鮮美十足！

因為只要放著燜蒸煮熟就好，可趁空檔準備餐桌布置。

鋪在底部的大蔥也吸飽了滿滿的鮮味！

只需將食材疊起來燜蒸，烹調非常輕鬆。

配菜

青江菜薑湯

以醬油為底的中式湯品，凸顯鱈魚主菜的特色。生薑的香味圍繞在口中。

材料 2人份

青江菜 … 1 棵（約120g）

生薑 … 1 段

〈湯汁〉

　雞粉 … 1 ～ 2 小匙

　鹽 … ¼ 小匙

　醬油 … 1 小匙

　水 … 2 杯

　胡椒粉 … 少許

主菜

青蔥榨菜蒸鱈魚

材料 2人份

鱈魚切片 … 2 半切片（約200g）

青蔥（大）… 1 根（約120g）

榨菜（瓶裝）… 30g

〈醃醬〉

　鹽 … ½ 小匙

　芝麻油 … 1 大匙

　胡椒粉 … 少許

（依喜好添加）檸檬切瓣 … 適量

酒、醬油

晚
🌙 NIGHT

早
☀ MORNING

燜蒸熟即可

將青蔥平鋪平底鍋中,在蔥表面排放入鱈魚再放上榨菜。接著撒上各3大匙的水、酒後蓋上鍋蓋,以中火加熱燜蒸至微沸騰後,打開鍋蓋將鱈魚翻面再繼續加熱約5分鐘至熟透。盛盤,依喜好搭配檸檬,添加適量醬油食用。

（1人份 146kcal,鹽分 2.5g）

當日未使用	直接裝袋 冷藏保存 **2** 天 ❄

鱈魚預先醃漬

將醃醬的材料先放入塑膠袋,隔著袋子以手抓揉混合,再加入鱈魚輕輕抓勻。壓除袋內空氣,綁好袋口,放入冷藏醃漬約半天(至少20分鐘以上)。

青蔥和榨菜也預切

將青蔥(連同蔥綠部分)斜切成1cm寬的片狀,放入塑膠袋,壓除袋內空氣,綁好袋口。榨菜切絲,用保鮮膜包好。將所有材料放入冷藏。

煮熟即可

將小鍋以中火加熱煮沸後,加入青江菜、生薑迅速煮一下即可。 （1人份 11kcal,鹽分 1.8g）

預切

青江菜的長度先切4等分,再將莖部縱向切成8等分。生薑去皮,切成細絲。將所有材料放入塑膠袋,壓除空氣,綁好袋口。將湯汁的材料放在小鍋中混合,蓋上鍋蓋。將所有材料放入冷藏庫中。

想吃到豬肉原汁的
美味就做這道！

用手計量的「速成鹽味豬」

只需用手抓少許鹽撒上豬里肌肉，備料只要1分鐘！
豬肉醃漬時會因鹽的滲透讓多餘的水分釋出，使鮮味濃縮起來♪

速成鹽味豬 的材料和作法

將2片豬里肌肉排（約250g）放入塑膠袋，兩面撒上少許鹽（※），抹勻。壓除袋內空氣，綁好袋口，放入冷藏醃漬約半天。

冷藏保存2～3天。※2片份的豬里肌肉排用⅓小匙的鹽為基準

簡易香煎 速成鹽味豬

材料 2人份

速成鹽味豬 … 全量
（依喜好添加）貝比生菜、黃芥末籽醬 … 適量
沙拉油

將豬肉表面的水分擦乾，在瘦肉和脂肪交接處以刀切劃幾刀斷筋。將½大匙沙拉油倒入平底鍋中，以中火加熱，放入豬肉煎3分鐘左右。煎至焦黃色後翻面，以中火續煎2～3分鐘至兩面上色。盛盤，依喜好搭配貝比生菜、黃芥末籽醬。 （1人份346kcal，鹽分1.2g）

用常見的食材和
鹽味豬，做出豪華
的丼飯♪

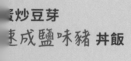

蛋炒豆芽 速成鹽味豬 丼飯

材料 2人份

速成鹽味豬 … 全量
蛋液 … 3顆份
綠豆芽菜 … 1袋（約200g）
白飯 … 適量
沙拉油、醬油

將豬肉表面的水分擦乾，切成一口大小。將1大匙沙拉油倒入平底鍋中，以中大火加熱，倒入蛋液後用木鏟大幅攪拌，使其均勻受熱，至呈半熟狀，先盛出。接著倒入½大匙沙拉油，以中火加熱。放入豬肉，將兩面分別煎1分30秒，至呈現焦黃。加入綠豆芽菜炒軟，再加入2小匙醬油炒勻。將剛盛出的炒蛋倒回鍋中大略攪拌，盛起放在白飯上。
（1人份828kcal，鹽分2.3g）

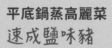

平底鍋蒸高麗菜 速成鹽味豬

材料 2人份

速成鹽味豬 … 全量
高麗菜的葉片 … 4片（約200g）
小番茄 … 10顆
雞粉 … 2小匙
（依喜好添加）粗粒黑胡椒粉

高麗菜也吸收了
鹽味豬的鮮味！

❶ 將豬肉表面的水分擦乾，切成一口大小。將高麗菜用手撕成一口大小（去除粗梗）。小番茄去除蒂頭。
❷ 將高麗菜平鋪在平底鍋中，倒入½杯水，撒上雞粉。放上豬肉後蓋上鍋蓋，以中火加熱燜蒸至微沸騰，打開鍋蓋將豬肉翻面再繼續加熱5分鐘至熟透。加入小番茄大略翻拌，稍微瀝乾汁液後盛盤，依喜好撒上少許粗粒黑胡椒粉。 （1人份350kcal，鹽分2.3g）

一盤滿足的
預漬快手套餐

將豐富食材搭配飯或麵的一盤料理，僅只一盤也能拍出令人垂涎的餐桌照！
還會讓人不自覺地吃得比平常多，能吃得很飽足也是優點之一。
從飯類、義大利麵、烏龍麵，到中華麵，種類一應俱全。
好好享受「預漬」菜單的豐富菜色吧！

日式香雅豬肉燴飯套餐

物美價廉的豬肉片只要用香雅燴飯醬醃漬，也能有極至柔嫩的口感！

趁煮肉片的 5 分鐘將沙拉擺盤，就能簡單地完成新潮的西洋風餐點。

運用酸酸甜甜的番茄醬底，煮出老少咸宜的味道。

使用平價豬肉片與常備調味料就能製作，CP 值超高！

配菜

簡易凱撒沙拉

材料 2 人份

萵苣 … ½ 個（約 150g）

杏仁堅果（熟的，有鹽）… 40g

〈沙拉醬汁〉

　蒜泥、鹽 … 各少許

　美乃滋 … 2 大匙

　牛奶 … ½ 大匙

　醋 … 1 小匙

起司粉 … 適量

粗粒黑胡椒粉

帶著適度蒜味的沙拉醬汁，加上濃醇的金黃起司粉，瞬間讓人食慾大增！清甜的萵苣讓人一口接一口。

主食

日式香雅豬肉燴飯

材料 2～3 人份

豬肉薄片 … 200g

洋蔥 … ½ 個（約 100g）

鴻喜菇 … 1 包（約 100g）

〈燴飯醬料〉

　番茄醬 … 5 大匙

　伍斯特醬 … 4 大匙

　麵粉 … 2 又 ½ 大匙

　鹽 … ⅓ 小匙

　胡椒粉 … 少許

熱白飯 … 適量

沙拉油、奶油

---

* 譯註：香雅飯（ハッシュド），是一種日式洋食，由燴醬料理搭配米飯的日式西洋風燴飯。

晚
☾ NIGHT

豬肉預先醃漬

把醃醬的材料先放入塑膠袋，隔著袋子以手抓揉混合，再加入豬肉片充分抓揉。壓除袋內空氣，綁好袋口，放冷藏醃漬約半天（至少 15 分鐘以上）。

 蔬菜也預切

洋蔥切成 1 cm寬的瓣狀。鴻喜菇切除根部後分成小朵。將所有材料放入塑膠袋，壓除袋內空氣，綁好袋口，放入冷藏。

旱
☀ MORNING

煮熟即可

❶在平底鍋中倒入 ½ 大匙沙拉油，以中大火加熱。放入洋蔥、鴻喜菇炒 2 分鐘。移至鍋子的邊緣，再加入 ½ 大匙沙拉油，將豬肉連同醃醬加入平底鍋裡，一邊炒一邊將豬肉片炒散開，拌炒 3 分鐘。

❷加入 1 又 ½ 杯水、20g 奶油，沸騰後轉中小火。不時攪拌煮 5 分鐘。將白飯盛盤，淋上燴醬。（⅓ 分量 611kcal，鹽分 3.7g）

當日未使用	直接裝袋 ❄ 冷藏保存 2 ～ 3 天

盛盤即可

將萵苣浸泡冰水中，使其口感清脆，再瀝乾水分後盛盤。撒上杏仁堅果，淋上沙拉醬汁。依喜好撒上適量起司粉、粗粒黑胡椒粉。

（1 人份 220kcal，鹽分 0.6g）

預撕碎

萵苣撕成一口大小，放入塑膠袋。壓除袋內空氣，綁好袋口。將沙拉醬汁的材料放入小容器中混合，蓋上保鮮膜。將所有材料放入冷藏。杏仁堅果用保鮮膜包好，用擀麵棍隔著保鮮膜敲拍成粗碎狀。

蔥鹽豬五花丼套餐

重口味的鹽味豬五花丼飯，與口味甜鹹的金平料理超級搭配！以微波加熱，利用後續餘溫的長時間浸泡，讓蓮藕完全入味。

鹽味醃醬配白飯吃會讓人停不住多扒幾口！檸檬汁平衡了味道，餘味意外清爽。青蔥在關火後再放入，是保有清脆感的訣竅。

配菜

金平蓮藕

材料 2人份

蓮藕 … 150g
胡蘿蔔 … ⅓ 根（約50g）
〈甜鹹醬汁〉
　砂糖、醬油、酒 … 各1大匙
　芝麻油 … 1小匙
（依喜好添加）辣椒粉

甜鹹風味的金平料理，只要微波加熱即可輕鬆完成。大口享受它多汁爽脆的口感。

主食

蔥鹽豬五花丼飯

材料 2人份

豬五花肉片 … 180g
青蔥的白梗 … ½ 根份
青蔥的綠葉 … 10 ㎝
〈醃醬〉
　鹽 … ⅔ 小匙
　粗粒黑胡椒粉 … 2 小撮
　砂糖 … ½ 小匙
　檸檬汁 … ½ 大匙
　芝麻油、水 … 各1大匙
熱白飯、熟白芝麻 … 各適量
沙拉油

晚

◗ NIGHT

炒熟即可

在平底鍋中倒入 1 小匙沙拉油，以中火加熱，將豬肉片連同醃醬攤平放入鍋中，不翻動地煎 3 分鐘至微上色。待呈現焦黃色後，快速翻炒至肉片兩面變色。關火後加入青蔥稍微拌炒。熱白飯裝碗，盛放上肉片，撒上白芝麻。

（1 人份 696kcal，鹽分 2.1g）

| 當日未使用 | 直接裝袋 冷藏保存 2 ～ 3 天 ❄ |

早

☀ MORNING

豬肉預先醃漬

豬肉切成 6 ～ 7 cm長片。將醃醬的材料放入塑膠袋，隔著袋子以手抓揉混合，再加入豬肉片充分抓揉混合。壓除袋內空氣，綁好袋口，放入冷藏醃漬約半天（至少 20 分鐘以上）。

青蔥也預切

將蔥綠用流水清洗洗去黏液，連同蔥白切成細蔥花。放入塑膠袋，壓除空氣後綁好袋口，放入冷藏。

微波即可

將胡蘿蔔、蓮藕放入直徑約 20 cm的耐熱盤中，繞圈淋上醬汁後大略拌合。鬆鬆的蓋上保鮮膜，微波加熱 3 分鐘。取出拌合均勻後再度覆蓋上保鮮膜，靜置 3 分鐘以上至充分入味。盛盤，依喜好撒上少許辣椒粉。（1 人份 103kcal，鹽分 1.4g）

預切

將蓮藕、胡蘿蔔去皮，切成 ¼ 圓形薄片。放入塑膠袋，壓除袋內空氣，綁好袋口。將醬汁的材料放入小容器中混合，蓋上保鮮膜。將所有材料放入冷藏。

台式烏龍拌麵套餐

蠔油風味的肉燥與生韭菜的香氣，絕對令人上癮！
配菜裡的芝麻油也能促進食慾，是一套讓人難以抗拒的菜色。

撒上大量的柴魚片和海苔絲，
就完成的一盤鮮味滿點的料理。
將所有材料充分攪拌後享用吧！

配菜

香濃芝麻油漬蕪菁

只需淋上一圈芝麻油，
就能做出滋味濃郁的淺漬。
隱約微苦的蕪菁葉是風味的關鍵。

材料 2人份

蕪菁 … 2 個（約 200g）
蕪菁葉 … 15g
鹽、芝麻油

主食

台式烏龍拌麵

材料 2人份

豬絞肉 … 200g
韭菜 … ½ 把（約 50g）
冷凍烏龍麵 … 2 球
〈蒜泥蠔油醃醬〉
　蒜泥 … ¼ 瓣份
　蠔油 … 1 大匙
　太白粉 … ⅓ 小匙
　醬油 … 2 小匙
　酒、水 … 各 2 大匙
柴魚片、海苔絲 … 各適量
蛋黃 … 2 顆份
沙拉油

晚
🌙 NIGHT

炒熟後擺盤

❶ 將冷凍烏龍麵依照包裝標示微波加熱後，分別裝放兩盤裡。

❷ 在平底鍋中倒入 ½ 大匙沙拉油，以中火加熱。放入豬絞肉，一邊攪散一邊拌炒 2 分鐘。待絞肉變色後，平均盛放在烏龍麵上，再放上韭菜、柴魚片、海苔絲、蛋黃。

（1 人份 581kcal，鹽分 3.2g）

| 當日未使用 | 直接裝袋
冷藏保存 **2** 天 ❄ |

早
☀ MORNING

 ### 絞肉預先醃漬

將醃醬的材料先放入塑膠袋中，隔著袋子以手抓揉混合，再加入豬絞肉充分抓揉混合。壓除袋內空氣，綁好袋口，放入冷藏醃漬約半天（至少 15 分鐘以上）。

 ### 韭菜也預切

韭菜切小丁，放入塑膠袋。壓除空氣，綁好袋口，放入冷藏。

混合即可

隔著塑膠袋將水分用力擠出後，打開袋口確實去除水分。繞淋一圈芝麻油混合即可。 （1 人份 28kcal，鹽分 0.7g）

預先醃漬

將蕪菁去皮，縱切對剖後再縱向切成片。將蕪菁葉的葉和莖分切開來，葉的部分先切絲後再切碎，莖的部分切成小丁。接著將蕪菁、蕪菁葉和莖、½ 小匙鹽放入塑膠袋中抓揉混合。壓除袋內空氣後綁好袋口，放入冷藏。

夏威夷風雞肉飯套餐

咖啡館風格的時尚料理，用微波加熱就能做出來，超簡單！回家後，按照先微波雞肉↓煎荷包蛋的順序完成烹調。

酸酸甜甜的BBQ風味雞肉，加上飽滿半熟的太陽蛋是最佳的組合！運用麵粉的特性，微波一樣可以鮮嫩多汁。

使用整顆甘甜清脆的新收洋蔥！佐以簡單的檸檬風味，美味享用。

配菜

檸檬漬新收洋蔥

材料 2 人份

新收洋蔥 * … 1 個（約 200g）

火腿 … 2 片

〈檸檬醃漬液〉

　橄欖油 … 2 大匙

　檸檬汁 … 1 大匙

　鹽 … 1/3 小匙

　胡椒粉 … 少許

（若有的話）巴西里末…適量

* 譯註：新收洋蔥（新玉ねぎ），即新採收的洋蔥。

主食

夏威夷風雞肉飯

材料 2 人份

雞腿肉 … 1 片（約 300g）

〈BBQ 醬〉

　蒜泥 … 1/2 瓣份

　番茄醬 … 1 又 1/2 大匙

　中濃醬、醬油 … 各 2 小匙

　鹽 … 1 小撮

　麵粉 … 1 大匙

蛋 … 2 顆

熱白飯、貝比生菜 … 各適量

沙拉油

晚
🌙 NIGHT

旱
☀ MORNING

微波即可

❶取直徑約 20 ㎝ 的耐熱盤，將雞皮的那面朝下，從盤子的邊緣一圈一圈往中心排放，再將剩餘的醃醬放入中間空出的地方。鬆鬆的蓋上保鮮，微波加熱 6 分鐘，再將雞肉和醬料充分拌勻。

❷在平底鍋中倒入 1 小匙沙拉油，以中火加熱。將蛋倒入鍋中，煎 3～4 分鐘至蛋黃飽滿半熟。白飯裝碗，放上作法❶、太陽蛋、貝比生菜。

（1 人份 702kcal，鹽分 2.6g）

當日未使用	直接裝袋 ❄ 冷藏保存 2～3 天

雞肉預先醃漬

雞腿肉剔除多餘的脂肪並切斷筋膜，由上往下斜削切成一口大小的片狀。將醃醬的材料放入塑膠袋，隔著袋子以手抓揉混合，再加入雞腿肉充分抓揉混合。壓除袋內空氣，綁好袋口，放入冷藏醃漬約半天（至少 20 分鐘以上）。

盛盤即可

稍微瀝乾汁液後盛盤，撒上巴西里末。

（1 人份 145kcal，鹽分 1.1g）。

預先醃漬

洋蔥縱切對剖，再橫向切片。火腿片切成 ⅛ 圓形片。將醃漬液的材料放入塑膠袋，隔著袋子以手抓揉混合，再加入洋蔥輕輕抓勻，待洋蔥稍微變軟後加入火腿。壓除袋內空氣，綁好袋口，放入冷藏醃漬約半天（至少 30 分鐘以上）。

番茄牛丼套餐

在牛丼上放番茄？別驚訝，甜甜鹹鹹的丼飯醬汁和番茄的酸味，非常的搭！

牛肉易熟，烹煮時先將味噌湯開火加熱，就能更從容地料理牛肉了。

放入番茄提升鮮美＆又能攝取蔬菜營養的一盤料理。

肉片在早上先醃漬，稍微煮一下味道就很完美♪

配菜

黃豆高麗菜味噌湯

愛吃豆子的人會很喜歡，是一道充滿飽足與滿足的味噌湯。

黃豆溫和的風味，加上高麗菜的甘甜非常鮮美。

材料 2人份

高麗菜的葉片 … 2 片（約100g）
水煮大豆（或市售無汁液包裝）
　… 50g
日式柴魚昆布高湯 … 2 杯
味噌

主食

番茄牛丼

材料 2人份

牛肉片 … 200g
番茄 … 1 顆（約150g）
〈甜鹹醃醬〉
　砂糖、酒 … 各 2 大匙
　醬油 … 3 大匙
日式柴魚昆布高湯 … 5 大匙
熱白飯 … 適量

晚
☽ NIGHT

旱
☀ MORNING

煮熟即可

將柴魚昆布高湯、牛肉片連同醃醬放入平底鍋中，以中火加熱。沸騰後，一邊將牛肉片攪散一邊煮2分鐘左右。待肉變色後加入番茄，繼續煮1分鐘至稍微熟爛。白飯裝碗，將番茄牛丼醬料澆淋白飯上。

（1人份 638kcal，鹽分 2.8g）

牛肉預先醃漬

將醃醬的材料先放入塑膠袋，隔著袋子以手抓揉混合，再加入牛肉片充分抓揉混合。壓除袋內空氣，綁好袋口，放入冷藏醃漬約半天（至少 15 分鐘以上）。

番茄也預切

番茄去除蒂頭，縱切成 8 等分的瓣狀。放入塑膠袋，壓除空氣，綁好袋口，放入冷藏。

當日未使用	直接裝袋 冷藏保存 **2～3** 天 ❄

煮熟即可

將小鍋以中火加熱煮沸後，加入高麗菜、黃豆。煮 3～4 分鐘至高麗菜變軟，加入 1 又 ½～2 大匙的味噌攪拌溶解即可。

（1人份 80kcal，鹽分 1.9g）

預切

高麗菜切成一口大小。黃豆若有水分要瀝除。將所有材料放入塑膠袋，壓除袋內空氣，綁好袋口。將柴魚昆布高湯倒入小鍋中，蓋上鍋蓋。將所有材料放入冷藏。

麻醬雞絲涼麵套餐

將大量的綠豆芽菜和麵條一起水煮，分量與口感大增。

溏心蛋只需在早上醃漬就能完成，是營養滿點的配菜。

濃厚的芝麻淋醬，是決定味道的關鍵！

雞里肌用加了芝麻油的醬料醃漬，香噴噴又鮮嫩多汁的蒸雞。

配菜

溏心蛋

材料 容易製作的分量，4 顆份

水煮蛋（半熟）※…4 顆

〈醃漬汁〉

砂糖 … 1 大匙

醬油 … 3 大匙

味醂 … 2 大匙

鹽 … 1 小撮

熱水（約 50℃）… 4 大匙

※ 熱水煮沸，用大湯勺裝放回復室溫的水煮蛋，輕輕放入熱水中。以中火維持水滾狀態，煮約 7 分鐘，撈起後立刻浸泡在冷水中剝除外殼。

半熟狀態的蛋黃因甜鹹醬汁的充分浸漬更濃稠入味，使用塑膠袋的話，可以最小量的醃漬汁製作。

主食

麻醬雞絲涼麵

材料 2 人份

油麵 … 2 袋

雞里肌肉（去筋）

… 2 條（約 100g）

〈醃醬〉

酒 … 1 大匙

芝麻油 … ½ 大匙

鹽 … ¼ 小匙

綠豆芽菜

… 1 袋（約 200g）

〈芝麻淋醬〉

白芝麻醬

… 3 ～ 4 大匙

砂糖 … 1 大匙

醬油 … 2 大匙

醋 … ½ 大匙

水 … 2 大匙

蘿蔔嬰切段 … 適量

晚
🌙 NIGHT

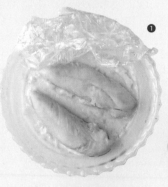

❶

❷

旱
☀ MORNING

微波後擺盤即可

❶將雞里肌肉連同醃醬放入直徑約 17 ㎝的耐熱盤中，鬆鬆的蓋上保鮮膜。微波加熱 1 分 40 秒～2 分鐘，取出靜置降溫。用手剝成粗絲，淋上蒸汁拌勻。

❷將油麵放入大量的熱水中，按照包裝標示煮熟。在快煮熟的前 1 分鐘加入綠豆芽菜，煮好後連同麵條撈起。快速用冰水浸泡一下後，撈出瀝乾水分，盛盤。放上作法❶雞肉絲、蘿蔔嬰，淋上芝麻醬。

（1 人份 582kcal，鹽分 3.9g）

當日未使用	直接裝袋 冷藏保存 2 ～ 3 天 ❄

雞肉預先醃漬

將醃醬的材料先放入塑膠袋，隔著袋子以手抓揉混合，再加入雞里肌肉充分抓揉混合。壓除袋內空氣，綁好袋口，放入冷藏醃漬約半天（至少 15 分鐘以上）。

芝麻淋醬也預先調合備用

將芝麻淋醬的材料放入容器中混合，蓋上保鮮膜，放入冷藏。

盛盤即可

取出水煮蛋，依喜好切開後盛盤（或放涼麵旁）。剩下的溏心蛋，可連同醃漬汁冷藏保存 3～4 天。

（1 顆份 84kcal，鹽分 0.6g）

預先醃漬

將醃漬汁的材料放入耐熱調理盆中，待降溫後倒入塑膠袋，加入水煮蛋。壓除袋內空氣後綁好袋口，放在調理盆等容器中，放入冷藏醃漬約半天。

簡易滷肉飯套餐

超人氣的台式飯類料理，用「預先醃漬」就能輕鬆製作！
將配菜的青菜放在滷肉飯上，讓料理配色更加豐富。

一般是用豬五花肉塊製作，
不過使用平價且容易取得的絞肉，做出來也很美味。
醃漬過的絞肉口感柔嫩，讓人讚不絕口！

配菜

芝麻油拌青菜

超快速就能完成一道青菜！
加熱時間不到2分鐘。

（材料）2人份

小松菜 … ½ 把（約100g）
芝麻油、鹽

主食

簡易滷肉飯

（材料）2人份

豬絞肉 … 200g
新鮮香菇 … 3 朵
〈台式醃醬〉
　蒜泥 … ¼ 瓣份
　砂糖 … 1 又 ½ 大匙
　蠔油、酒 … 各 2 大匙
　醬油 … 1 大匙
　太白粉 … ½ 小匙
　五香粉 … ¼ 小匙
熱白飯、（若有的話）醃黃蘿蔔切片
　… 各適量
沙拉油

> 「五香粉」
> 混合了肉桂和八角等材料的中式綜合辛香料。在超市賣場中的辛香料區可購得。不放五香粉做出來也很好吃，但此香料是滷肉飯的香氣關鍵，請務必嘗試。

晚
☾ NIGHT

早
☀ MORNING

絞肉預先醃漬

將醃醬的材料先放入塑膠袋，隔著袋子以手抓揉混合，再加入豬絞肉充分抓揉混合。壓除袋內空氣，綁好袋口，放入冷藏醃漬約半天（至少 15 分鐘以上）。

炒熟即可

在平底鍋中倒入 ½ 大匙沙拉油，以中火加熱，放入豬絞肉、香菇。將絞肉一邊攪散一邊拌炒至絞肉變色，拌炒3分鐘。白飯裝盤，淋入炒好的滷肉醬料，搭配醃黃蘿蔔。

（1 人份 627kcal，鹽分 3.6g）

 香菇也預切

將香菇切除菇柄，再切成 1 cm的小丁。放入塑膠袋，壓除空氣，綁好袋口，放入冷藏。

當日未使用	直接裝袋 ❄ 冷藏保存 **2** 天

微波即可

將小松菜放入直徑約 20 cm的耐熱調理盆中，鬆鬆的蓋上保鮮膜，微波加熱 1 分 30 秒。將調理盆的水分瀝乾（溫度高，注意避免燙傷），淋上一圈芝麻油，再加入 1 小撮鹽拌勻後盛盤（或放在白飯旁）。

（1 人份 15kcal，鹽分 0.4g）

預切

小松菜切除根部，切成 5 cm長。放入塑膠袋，壓除空氣，綁好袋口，放入冷藏。

鴻喜菇肉醬咖哩套餐

肉醬咖哩＆沙拉，加上水煮蛋，組合起來就是豪華威十足的一盤料理。

先將材料充分炒過再煮，即使只需煮3分鐘，鮮美濃郁美味不減。

絞肉事先用咖哩醬醃漬入味，吃起來是越嚼越有味！還帶有洋蔥末的清甜。

配菜

生菜沙拉
佐胡蘿蔔醬汁

材料 2 人份

貝比生菜 … 1 大袋（約 40g）

小黃瓜 … 1 條（約 100g）

〈胡蘿蔔沙拉醬汁〉

　胡蘿蔔泥 … 2 大匙

　橄欖油 … 1 大匙

　醋 … ½ 大匙

　鹽 … 1 小撮

含有大量胡蘿蔔「吃得到鮮榨有料的沙拉醬汁」，營養滿分。推薦大家可以一次多量製作。

主食

鴻喜菇肉醬咖哩

材料 2 人份

牛豬混合絞肉 … 200g

鴻喜菇 … 1 包（約 100g）

洋蔥 … ½ 個（約 100g）

蒜頭 … ½ 瓣

（可依喜好搭配）水煮蛋 … 2 顆

熱白飯 … 適量

〈咖哩醬〉

　咖哩粉 … 1 ～ 1 又 ½ 大匙

　番茄醬 … 2 大匙

　酒、伍斯特醬 … 各 1 大匙

　鹽 … ⅓ 小匙

沙拉油

晚
☾ NIGHT

早
☀ MORNING

絞肉預先醃漬

把醃醬的材料先放入塑膠袋,隔著袋子以手抓揉混合,再加入牛豬混合絞肉充分抓揉混合。壓除袋內空氣,綁好袋口,放入冷藏醃漬約半天(至少 20 分鐘以上)。

炒熟即可

❶在平底鍋中倒入 ½ 大匙沙拉油,放入洋蔥末、蒜末,以中火拌炒 4 分鐘至洋蔥變軟,加入牛豬混合絞肉拌炒。
❷待絞肉變色後加入鴻喜菇快炒,倒入 ½ 杯水,不時攪拌煮 3 分鐘後關火。白飯裝盤,淋上咖哩,依喜好搭配水煮蛋(可剖半或整顆)。 (1 人份 688kcal,鹽分 2.6g)

| 當日未使用 | 直接裝袋 冷藏保存 **2** 天 ❄ |

蔬菜也預切

鴻喜菇切除根部後分成小朵,放入塑膠袋。洋蔥切粗末,蒜頭切末,兩種一起放入另外的塑膠袋。將兩袋材料分別壓除空氣後綁好袋口,放入冷藏。

盛盤即可

將貝比生菜、小黃瓜混合後盛盤(或放在主食旁),淋上沙拉醬汁。
(1 人份 72kcal,鹽分 0.8g)

預切

小黃瓜切除兩端後,縱切對剖,再斜切成片。放入塑膠袋,壓除袋內空氣,綁好袋口。將沙拉醬汁的材料放入容器中混合,蓋上保鮮膜。將所有材料放入冷藏。

簡易韓式拌飯套餐

不用韓式拌菜就能輕鬆完成的韓式拌飯，是本套餐的重點。
晚上只需炒肉和加熱湯汁，超輕鬆就能完成，令人開心！

加了洋蔥泥和蒜泥的燒肉，色香味俱全讓人食指大動！
用鹽抓醃的櫛瓜，有別於小黃瓜的爽脆感，
是讓人吃了就愛上的好滋味。

配菜

中式豆芽
海帶芽湯

經典的食材組合，是美味的保證。
淋上芝麻油增添香氣。

材料 2 人份

綠豆芽菜 … ½ 袋（約 100g）
乾燥切段海帶芽 … 2 小匙（約 2g）
〈湯汁〉
　雞粉 … 1 小匙
　鹽 … ⅓ 小匙
　水 … 1 又 ½ 杯
　芝麻油、胡椒粉 … 各少許

主食

簡易韓式拌飯

材料 2 人份

牛肉片 … 150g
櫛瓜（大）… 1 條（約 200g）
韓式大白菜泡菜（切段型）… 80g
蛋黃 … 2 顆份
〈韓式燒肉醬〉
　洋蔥泥 … ⅛ 個份（約 30g）
　蒜泥 … ½ 瓣份
　砂糖、醬油、芝麻油 … 各 1 大匙
　韓式辣醬 … 2 小匙
熱白飯、熟白芝麻 … 各適量
鹽、芝麻油

晚

☾ NIGHT

早

☀ MORNING

炒熟即可

在平底鍋中倒入 ½ 大匙芝麻油，以中火加熱。將牛肉片連同醃醬放入鍋中，炒至肉片變色。白飯裝碗後放上牛肉醬料，再放上擠乾水分的櫛瓜，搭配泡菜、蛋黃，撒上白芝麻。（1 人份 701kcal，鹽分 3.2g）

| 當日未使用 | 直接裝袋 冷藏保存 2～3 天 ❄ |

 牛肉預先醃漬

將醃醬的材料先放入塑膠袋，隔著袋子以手抓揉混合，再加入牛肉片充分抓揉混合。壓除袋內空氣，綁好袋口，放入冷藏醃漬約半天（至少 30 分鐘以上）。

 櫛瓜也用鹽抓醃

櫛瓜切除兩端後縱切對剖，再斜切成片。將櫛瓜片放入塑膠袋，撒上 ½ 小匙鹽，接著讓袋內充滿空氣，搖晃混合。將袋內空氣壓除，綁好袋口，放入冷藏醃漬約半天（至少 30 分鐘以上）。

加熱即可

將小鍋以中火加熱煮沸後，放入綠豆芽菜、海帶芽，再次沸騰後關火。

（1 人份 15kcal，鹽分 1.6g）

預先混合

將湯汁的材料放入小鍋中混合，蓋上鍋蓋放入冷藏。

茄汁肉醬義大利麵套餐

充滿鮮味的茄汁肉醬，與新鮮的白菜沙拉是絕配的組合！

將煮義大利麵用的熱水先煮沸後，再將茄汁肉醬微波加熱，製作起來更有效率。

只需微波一次就能搞定的茄汁肉醬，上菜時間全面提速！

加入麵粉調理可帶出恰到好處的濃稠度。

配菜

白菜洋菇沙拉

加了洋蔥泥的沙拉醬汁清爽又美味。

只留洋菇到晚上再切，避免切面氧化變色。

 材料 2人份

白菜 … ⅛ 棵（約250g）

洋菇 … 3 朵

〈洋蔥沙拉醬汁〉

  洋蔥泥 … 1 大匙

  橄欖油 … 1 又 ½ 大匙

  醋 … ½ 大匙

  鹽 … ⅓ 小匙

  胡椒粉 … 少許

主食

茄汁肉醬義大利麵

 材料 2人份

牛豬混合絞肉 … 150g

洋蔥 … ¼ 個（約50g）

蒜頭 … ½ 瓣

〈番茄紅醬〉

  番茄汁（無鹽）… ¾ 杯

  番茄醬 … 3 大匙

  中濃醬 … 1 大匙

  麵粉 … ½ 大匙

  鹽 … ⅓ 小匙

義大利圓直麵 … 160g

（依喜好添加）起司粉 … 適量

鹽

晚
🌙 NIGHT

肉醬微波後與義大利麵拌勻即可

❶將 1 大匙鹽放入大量熱水中（約 2ℓ），義大利麵按照包裝標示煮至彈牙狀態。

❷將茄汁肉醬放入直徑約 20 ㎝的耐熱調理盆中，鬆鬆的蓋上保鮮膜，微波加熱 6 分鐘，接著一邊攪散一邊充分攪拌。將煮好的麵條撈起放在瀝水網上瀝乾水分，再放入茄汁肉醬的調理盆中拌勻。盛盤，依喜好撒上起司粉。

（1 人份 567kcal，鹽分 3.7g）

當日未使用	直接裝袋 ❄ 冷藏保存 **2 ～ 3** 天

早
☀ MORNING

 預先醃漬

洋蔥、蒜頭切碎。將番茄紅醬的材料放入塑膠袋，隔著袋子以手抓揉混合，再加入洋蔥末、蒜末、牛豬混合絞肉，一邊攪散一邊混合（注意不要用抓揉的）。壓除袋內空氣，綁好袋口，放入冷藏醃漬約半天（至少 30 分鐘以上）。

拌勻即可

洋菇切片。將白菜、沙拉醬汁放入較大的調理盆中，輕輕抓勻。接著加入洋菇快速拌一下，盛盤。

（1 人份 106kcal，鹽分 1.0g）

預切

白菜的葉片和梗分開，葉片切一口大小，梗切成 5 ～ 6 ㎝長細絲。切好後放入塑膠袋，壓除空氣，綁好袋口。將沙拉醬汁的材料放入小容器中混合，蓋上保鮮膜。將所有材料放入冷藏。

預先醃漬

自製「丼飯調理包」做速成午餐!

在家工作或做家事的空檔,一下子就能搞定午餐的自製冷凍「丼飯調理包」。
把肉類和蔬菜分成 1 人份「醃漬在醬料中」冷凍保存,
欲食用時,只要微波加熱→倒在白飯上,即可快速搞定一餐的一盤料理。
有空時預先做好冷凍常備相當實用喔!

基本作法

丼飯調理包 1 人份 × 2 包

2 食用時微波加熱

將冷凍狀態的「丼飯調理包」直接從袋內取出,放在直徑約 20 ㎝的耐熱盤中(可用料理剪刀剪開袋子)。鬆鬆的蓋上保鮮膜,並保留一縫隙開口使蒸氣冒出。微波加熱的時間請按照各食譜標示。

※ 加熱後若肉類帶有血色,可視情況每次續熱 30 秒。

《《 1 冷凍備用

取兩個冷凍用保鮮袋(S 尺寸。約 13 × 18 ㎝),分別放入 ½ 量的醃醬材料後混合,再各放入 ½ 量的食材後抓醃。攤平後壓出空氣,密封袋口。放調理盤等容器上,冷凍一晚以上。

印度坦都里雞肉飯調理包

材料 1人份 ×2包

〈食材〉

雞胸肉 … 1 片（約 250g，斜切一口大的片狀）

青椒 … 2 個（去蒂頭、去籽，切成一口大小）

〈坦都里雞醃醬〉

蒜泥 … ½ 瓣份

原味優格 … 4 大匙

番茄醬 … 1 大匙

咖哩粉、橄欖油 … 各 ½ 大匙

鹽 … ⅓ 小匙

粗粒黑胡椒粉 … 少許

※ 參閱右側的「基本作法」步驟 1，冷凍備用。

印度坦都里雞肉飯

香噴濃郁的咖哩味，讓人瞬間食慾全開！
用優格醃漬過的雞肉，鮮嫩多汁超好吃。

材料 1 人份

印度坦都里雞肉飯調理包 … 1 包
熱白飯 … 適量
（若有的話）貝比生菜 … 適量

參閱右側的「基本作法」步驟 2～
3，將「印度坦都里雞肉飯調理包」
微波加熱 7 分鐘左右，倒在白飯
上。搭配貝比生菜。

（549kcal，鹽分 1.4g）

3 淋在飯上即可

撕下保鮮膜，趁熱全部攪拌均勻（盤子溫
度高，注意避免燙傷），倒在裝盛好的白飯
上，若有其他的材料最後再放上。冷凍約可
保存一個月。

柔嫩的豬五花和軟爛的茄子，融入了濃郁的蠔油風味。

香濃蠔油茄子豬五花丼

材料 1 人份

香濃蠔油茄子豬五花丼調理包 … 1 包
熱白飯 … 適量

參閱 P92「基本作法」步驟 2～3，將「香濃蠔油茄子豬五花丼調理包」微波加熱 7 分鐘左右，倒在白飯上。　　　　　（600kcal，鹽分 3.6g）

香濃蠔油茄子豬五花丼 調理包

材料 1人份×2包

〈食材〉

| 豬五花肉片 … 200g（切成 5 cm長） |
| 圓茄（大）… 1 個 |
| （約 100g…去除蒂頭，縱切對剖後切成 5 mm寬） |

〈香濃蠔油醃醬〉

| 蠔油 … 2 大匙 |
| 醬油 … 1 大匙 |
| 砂糖 … 2 小匙 |
| 太白粉 … 1 小匙 |
| 鹽 … 少許 |
| 水 … ⅔ 杯 |

※ 參閱 P92「基本作法」步驟 1，冷凍備用。

將濃厚的番茄燉菜做成成時尚新潮的單盤料理！運用伍斯特醬和紅酒，增添濃郁醇厚的滋味。

番茄燉雞肉飯

材料 1 人份

番茄燉雞肉飯調理包 … 1 包
熱白飯 … 適量
（依喜好添加）起司粉、巴西里末 … 適量

參閱 P92「基本作法」步驟 2～3，將「番茄燉雞肉飯調理包」微波加熱 8 分 30 秒，倒在白飯上。依喜好撒上起司粉、巴西里末。

（671kcal，鹽分 5.0g）

番茄燉雞肉飯 調理包

材料 1人份×2包

〈食材〉

| 雞腿肉 … 1 片 |
| （約 250g，剔除多餘脂肪並斷筋，切成一口大小） |
| 番茄（小）… 1 顆 |
| （約 120g，去除蒂頭後縱切 8 等分瓣狀） |
| 洋蔥 … ¼ 個（約 50g，切成 1 cm寬的瓣狀） |

〈番茄醃醬〉

| 番茄醬 … 5 大匙 |
| 伍斯特醬 … 3 大匙 |
| 麵粉、紅酒 … 各 1 大匙 |
| 水 … 2 大匙 |
| 鹽 … ⅓ 小匙 |
| 胡椒粉 … 少許 |

※ 參閱 P92「基本作法」步驟 1，冷凍備用。

材料 1 人份

梅子醬油豬肉丼調理包 ⋯ 1 包
熱白飯 ⋯ 適量

參閱 P92「基本作法」步驟 2 ～ 3，將「梅子醬油豬肉丼調理包」微波加熱 8 分鐘左右，倒在白飯上。　　　　　　　　（640kcal，鹽分 3.9g）

梅子醬油豬肉丼

帶有清爽梅子風味酸味適中，
在提不起勁時當午餐最適合。

梅子醬油豬肉丼調理包

材料 1人份 × 2 包

〈食材〉

　豬肉炒片 ⋯ 200g

　秋葵 ⋯ 8 根（切除蒂頭，切成 1 cm 厚）

　洋蔥 ⋯ ½ 個（約 100g，切成 1 cm 寬的瓣狀）

〈梅子醬油醃醬〉

　日式醃梅肉（鹽分約 12%者）⋯ 2 顆份
　　（約 20g，大略拍碎）

　醬油、味醂 ⋯ 各 2 大匙

　水 ⋯ 6 大匙

　太白粉 ⋯ 1 小匙

※ 參閱 P92「基本作法」步驟 1，冷凍備用。

材料 1 人份

簡易泰式打拋飯調理包 ⋯ 1 包
熱白飯 ⋯ 適量
羅勒葉 ⋯ 5 ～ 6 片
（依喜好搭配）**水煮蛋** ⋯ ½ 顆

參閱 P92「基本作法」步驟 2，將「簡易泰式打拋飯調理包」微波加熱 7 分鐘。接著參閱「基本作法」步驟 3，趁熱用叉子將絞肉一邊搗細碎一邊攪拌混合，放入撕碎的羅勒葉混合。倒在白飯上，依喜好搭配水煮蛋。（609kcal，鹽分 3.7g）

簡易泰式打拋飯

人氣的泰式料理在家輕鬆做！
最後用新鮮羅勒為料理增添香氣。

簡易泰式打拋飯調理包

材料 1人份 × 2 包

〈食材〉

　豬絞肉 ⋯ 200g

　紅甜椒（球型）⋯ ½ 個
　　（約 75g，橫切對剖後縱切成 1 cm 寬）

　洋蔥 ⋯ ¼ 個（約 50g，橫切對剖後縱向切片）

〈泰式打拋風醃醬〉

　紅辣椒丁 ⋯ 1 根份

　蠔油、水 ⋯ 各 2 大匙

　魚露 ⋯ 1 大匙

　砂糖、太白粉 ⋯ 各 1 小匙

※ 參閱 P92「基本作法」步驟 1，冷凍備用。

五味坊 130

快速開飯的 5 分鐘預漬備料魔法

只要學會就能 10 分鐘快速上桌，92 道讓你天天省時輕鬆煮的美味提案！

原　書　名 —— 仕込み 5 分の漬けとく献立	【日文版製作人員】
料　　　理 —— 市瀨悅子	料理：市瀨悅子
譯　　　者 —— 邱婉婷	攝影：高杉 純
	料理設計：浜田惠子
總　編　輯 —— 王秀婷	設計：高橋朱里 (マルサンカク)
主　　　編 —— 洪淑暖	熱量、鹽分計算：五戶美香 (スタジオナッツ)
編　　　輯 —— 蘇雅一	責任編輯：山田 彩
	連載責任編輯：藤井裕子

發　行　人 —— 涂玉雲
出　　　版 —— 積木文化
　　　　　　　104 台北市民生東路二段 141 號 5 樓
　　　　　　　電話：(02)2500-7696　傳真：(02)2500-1953
　　　　　　　官方部落格：http://cubepress.com.tw
　　　　　　　讀者服務信箱：service_cube@hmg.com.tw

發　　　行 —— 英屬蓋曼群島商家庭傳媒股份有限公司城邦分公司
　　　　　　　台北市民生東路二段 141 號 11 樓
　　　　　　　讀者服務專線：(02)25007718-9
　　　　　　　24 小時傳真專線：(02)25001990-1
　　　　　　　服務時間：週一至週五 09:30-12:00、13:30-17:00
　　　　　　　郵撥：19863813　戶名：書虫股份有限公司
　　　　　　　網站　城邦讀書花園 | 網址：www.cite.com.tw

香港發行所 —— 城邦（香港）出版集團有限公司
　　　　　　　香港灣仔駱克道 193 號東超商業中心 1 樓
　　　　　　　電話：+852-25086231　傳真：+852-25789337
　　　　　　　電子信箱：hkcite@biznetvigator.com

馬新發行所 —— 城邦（馬新）出版集團 Cite (M) Sdn Bhd
　　　　　　　41, Jalan Radin Anum, Bandar Baru Sri Petaling, 57000 Kuala Lumpur, Malaysia.
　　　　　　　電話：(603) 90563833　傳真：(603) 90576622
　　　　　　　電子信箱：services@cite.my

封 面 設 計 —— 郭家振
製 版 印 刷 —— 上晴彩色印刷製版有限公司

Original Japanese title: SHIKOMI 5 FUN NO TSUKETOKU KONDATE
supervised by Etsuko Ichinose
Copyright © 2022 The Orangepage, Inc.
Original Japanese edition published by The Orangepage, Inc.
Traditional Chinese translation rights arranged with The Orangepage, Inc.
through The English Agency (Japan) Ltd. and AMANN CO., LTD.

【印刷版】
2023 年 5 月 30 日　初版一刷
售　價／ NT$ 380
ISBN 978-986-459-497-9

【電子版】
2023 年 5 月
ISBN 978-986-459-498-6 (EPUB)
有著作權・侵害必究

國家圖書館出版品預行編目 (CIP) 資料

快速開飯的 5 分鐘預漬備料魔法：只要學會就能 10 分鐘快速上桌 ,92 道讓
你天天省時輕鬆煮的美味提案！/ 市瀨悅子料理；邱婉婷譯 .-- 初版 .-- 臺
北市：積木文化出版：英屬蓋曼群島商家庭傳媒股份有限公司城邦分公司
發行 , 2023.05
　　面；　公分 .--（五味坊；130）
　　譯自：仕込み 5 分の漬けとく献立
　　ISBN 978-986-459-497-9（平裝）

1.CST: 食譜 2.CST: 烹飪

427.1　　　　　　　　　　　　　　　　　　　　112005901